テキストマイニング入門

ExcelとKH Coderでわかるデータ分析

末吉 美喜 ● 著

Text Mining

Ohmsha

本書に掲載されている会社名・製品名は、一般に各社の登録商標または商標です。

本書を発行するにあたって、内容に誤りのないようできる限りの注意を払いましたが、本書の内容を適用した結果生じたこと、また、適用できなかった結果について、著者、出版社とも一切の責任を負いませんのでご了承ください。

本書は、「著作権法」によって、著作権等の権利が保護されている著作物です。本書の複製権・翻訳権・上映権・譲渡権・公衆送信権（送信可能化権を含む）は著作権者が保有しています。本書の全部または一部につき、無断で転載、複写複製、電子的装置への入力等をされると、著作権等の権利侵害となる場合があります。また、代行業者等の第三者によるスキャンやデジタル化は、たとえ個人や家庭内での利用であっても著作権法上認められておりませんので、ご注意ください。

本書の無断複写は、著作権法上の制限事項を除き、禁じられています。本書の複写複製を希望される場合は、そのつど事前に下記へ連絡して許諾を得てください。

出版者著作権管理機構
（電話 03-5244-5088, FAX 03-5244-5089, e-mail: info@jcopy.or.jp）

JCOPY ＜出版者著作権管理機構 委託出版物＞

はじめに

はじめまして。この本を手に取ってくださり、どうもありがとうございます。
「テキストマイニング」に興味を持っていただき、大変嬉しく思います。
かつて、テキストマイニングは大きな企業や病院もしくは研究機関などの限られた場所で、限られた人しか扱うことのできないものでした。
なぜなら、テキストマイニングを行うためのツールが非常に高価だったからです。

その後、めざましい技術の進歩により、テキストマイニングの専用ソフトウェアが数多く開発され、今では誰でも手軽にテキストマイニングのツールが利用できるようになりました。

とはいえ、敷居の高さは健在のようです。

それは「テキストマイニング」がまだまだ謎の分野だからでしょうか？
それとも、「データ分析」のハードルがそもそも高いのでしょうか？

この本は、数字を使ってデータ分析をするなんて難しそう……、という人に向けて書きました。
統計が分からなくても大丈夫です。数字アレルギーでも平気です。
「数字が苦手なのであれば、文章の分析から始めてみませんか？」というご提案です。
立命館大学 樋口耕一先生によって開発されたテキストマイニングのフリーソフトウェア（無料ツール）『KH Coder』とExcelを使って、安全かつ簡単にデータ分析ができます。

本書は、感覚派でアナログ女子な主人公を中心としたストーリー展開となっていますが、テキストマイニングを進めるうえでのコツやKH Coderでのデータ分析のポイントなど、実務的な内容や操作説明にも多くのページを割いています。

テキストマイニングに限らず、各種ツールの機能すべてを完璧に使いこなす必要はありませんが、自分の手を動かしてツールを使うことができれば、分析の目的に向かって自在にデータを扱うことができるでしょう。その先にデータ分析の可能性と楽しさが拡がっているものです。

本書では、KH Coderの中でも実務に役立つ機能や分析手法を厳選してご紹介しています。ぜひ皆さんも主人公と一緒にテキストマイニングの世界を体感してください。

文章の発掘作業（テキストマイニング）により、心躍る発見がありますように。

2019年1月

末 吉 美 喜

【本書ご利用の際の注意事項】

- 本書のメニュー表示などは、プログラムのバージョン、モニターの解像度などにより、お使いの PC とは異なる場合があります。
- 本書内で使用しているデータにつきましては、オーム社 web サイト（https://www.ohmsha.co.jp）の書籍詳細ページにて提供しています。ダウンロードしてご利用ください。
- 本ファイルは、本書をお買い求めになった方のみご利用いただけます。本ファイルの著作権は、本書の執筆者である末吉美喜氏に帰属します。
- 本ファイルを利用したことによる直接あるいは間接的な損害に関して、著作者およびオーム社はいっさいの責任を負いかねます。利用は利用者個人の責任において行ってください。
- 本書は、執筆時点における KH Coder 最新版（Version 3. Alpha. 13）の環境で解説されています。KH Coder のバージョン更新に伴い、操作画面や機能に変更が生じる場合がありますので、KH Coder の公式 web サイトの更新情報や、オーム社 web サイトの本書ページ内「読者サポートサービス」（https://www.ohmsha.co.jp/book/9784274222856/）の追加説明資料「KH Coder のバージョンアップに伴う変更点について」等を必要に応じてご参照ください。

目　　次

はじめに..iii

第1部　テキストマイニング 基礎編　1

第1章　テキストマイニングとは..3

1.1　テキストマイニングは突然に..8

1.2　データ分析はPPDACで計画的に...................................13

第2章　テキストマイニングで 実現できること................................17

2.1　テキストデータVS数量データ？！...........................18

2.2　どうやって文章を認識しているの？.........................20

2.3　無料ツール「MeCab」を使ってみよう！.................26

2.4　テキストデータを集めるときのポイント.................33

2.5　分析ストーリーを考えてみよう.................................40

第3章　気軽に始めるテキストマイニング...............41

3.1　誰でも使える！？　KH Coderとは............................42

3.2　KH Coderをインストール...43

Column MacでKH Coderを使う際の注意点.........................47

第4章 テキストデータを準備する 49

4.1 目的別：分析ファイルの作り方 50

4.2 KH Coderで「新規プロジェクト」スタート！ 55

Column KH Coderのテキストデータ作成要件 62

第5章 KH Coderで伝える！分析アウトプット5選 63

5.1 どのような語が多いか、少ないか 64

5.2 原文で実際にどう使われているか 73

5.3 共に使われている語を繋ぐネットワーク 89

5.4 似たものを集めてグループ化 98

5.5 関係性を多次元空間にマッピング？！ 124

第6章 分析の精度を高める！データクレンジング 137

6.1 データをキレイにしよう 138

6.2 正規表現を使って効率的に 140

6.3 表記が揺れている？！ 144

第2部 テキストマイニング 実践編　155

第7章 アンケートのテキストマイニング ⋯⋯⋯⋯ 157

7.1 自由回答付きアンケートの設計⋯⋯⋯⋯⋯⋯⋯⋯⋯⋯⋯⋯⋯158

7.2 アンケートデータの集計と分析⋯⋯⋯⋯⋯⋯⋯⋯⋯⋯⋯⋯⋯⋯165

付録 ⋯⋯⋯⋯⋯⋯⋯⋯⋯⋯⋯⋯⋯⋯⋯⋯⋯⋯⋯⋯⋯⋯⋯⋯⋯⋯211

A.1 Jaccard係数の計算方法⋯⋯⋯⋯⋯⋯⋯⋯⋯⋯⋯⋯⋯⋯⋯⋯212

A.2 先輩おすすめの参考書籍⋯⋯⋯⋯⋯⋯⋯⋯⋯⋯⋯⋯⋯⋯⋯⋯217

索引⋯⋯⋯⋯⋯⋯⋯⋯⋯⋯⋯⋯⋯⋯⋯⋯⋯⋯⋯⋯⋯⋯⋯⋯⋯⋯⋯220

第 **1** 部

テキストマイニング
基礎編

第1章

テキストマイニングとは

1.1 テキストマイニングは突然に

1.2 データ分析はPPDACで計画的に

1.1 テキストマイニングは突然に

あ、さっき言い忘れたのだが、3週間後に新商品の企画会議があるんだ。
うちの部からは、これから新規参入しようとしているスマートウォッチの案を出すことになった。
君は企画書のためのデータ分析をよろしく！

部長はデータ至上主義だから仕方ないよね。
データは客観的な裏付けになるし、それによって**企画書の説得力もアップす**るわけだから。ま、頑張りたまえ！

は、はい……
伝えたいことの根拠を示すためにデータが必要だということですよね。
でもですね、、私……、そもそも数字が大の苦手なんっすよ！！！

って、はっきり言っちゃった……。

あっ、そこからの問題？！　そんなに数字が嫌だったら、文字にすれば？

いやいや……。「文字にすれば？」って……。だ〜か〜ら、「**データ**」が必要なんですって！

今までの話、聞いてました？！

そう怒りなさんな。文字もコンピュータの世界ではデータとして扱われるんだよ。
「文字＝テキスト」なので、パソコンで編集できる文字情報は「**テキストデータ**(文字データ)」と呼ばれている。ということで、今回はテキストデータを分析すればいいんじゃない？

おおお！　文字の情報もデータなのですね！！
てっきり「データ分析＝数字」だと思い込んでいました。数字アレルギーの私に嬉しすぎる情報をありがとうございます！！
ですが……、そのテキストデータとやらを、いったいどうやって分析すればよいのやら。。
全く見当がつきません……（涙）。

テキストの分析はテキストマイニングでOK！

てきすとまいにんぐ？！　う〜ん、、初めて聞いた言葉ですねぇ。

だろうね。。
文章から意味のある情報や特徴を見つけ出そうとする技術の総称をテキストマイニング**というんだよ。**

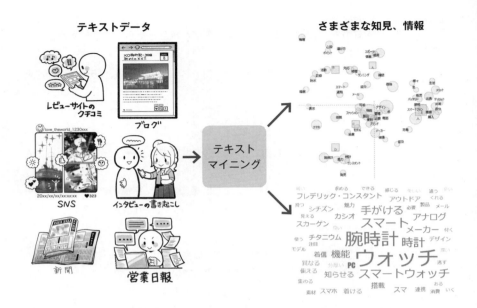

文章から何らかの知見を導き出すということなら……、私なら頑張って文章を読んで何とかしたいところですがね……。

意地でもデータ分析をやりたくない気持ち、よ〜く分かったよ。。
確かに、10件や20件程度の文章データなら、人間の目で見て内容を読み込んだほうが、文章の深いところまで感じることができるかもしれないね。
でも、データが数千件や数万件あったらどう？

ぎょっ！！　そ、それは。。そもそも読む気になりませんね。

だよね。人間が一度に多くの文章データを読み込むのには限界がある。
テキストマイニングの対象となるデータの中でも、例えばコールセンターの会話履歴やソーシャルメディアのテキストデータなどは半自動的に日々刻々と集まってくるビッグデータなので、人間の処理能力を遥かに超えているんだよ。
なので、大量データを素早く処理するのが得意なコンピュータの力を借りるのが現実的かと。

テキストマイニングの活用方法

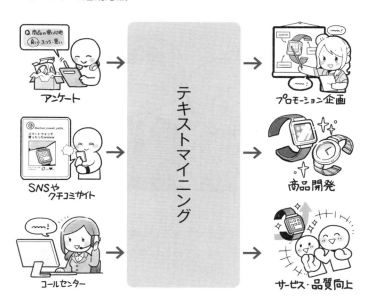

確かに。**たくさんのデータを、ただ溜めているだけでは勿体ない**ですものね。「データは分析してなんぼ！」って部長もいつも言っているし……。

しかも、かつてはテキストマイニングをするためには年間数百万円もする高額な専用ソフトが必要だったので、大企業や医療施設など、限られたところにしか導入されていなかった。

ところが、今はフリー（無料）で使える便利なツールがいくつも開発されていて、パソコンさえあれば気軽にテキストマイニングができてしまうという大変ありがたい世の中になったものだ……（しみじみ）。

テキストマイニングに用いるツールの一例

★無料ツール★
- KH Coder
- R（RMeCabパッケージ利用）
- UserLocalテキストマイニングツール（オンラインツール）

★有料ツール★
- WordMiner（日本電子計算）
- Text Mining Studio（NTTデータ数理システム）
- SPSS Text Analytics for Surveys（IBM）

 まだ私にはありがたみが分かりませんが、**簡単に**、**しかも無料で**テキストマイニング**ができる**のなら、やってみるしかないですね！！

テキストマイニングの対象となるテキスト　一例ですが

- ソーシャルメディア（各種SNS、ブログ、Twitter、電子掲示板など）の文字情報
- 製品やサービスのレビューやクチコミ（比較サイト、ECサイトなど）
- メーリングリストのログ
- 自由記述形式のアンケートの回答
- インタビュー記録
- 営業日報、製造記録、会議の議事録
- コールセンターに蓄積された意見や要望、クレーム、オペレータと顧客との会話履歴
- 業務関連データや各種データベースの文字情報
- 新聞や雑誌の記事
- 電子カルテ（看護記録）
- 論文データ、特許データ

＊その他、文字情報であればテキストマイニングの対象となる可能性は無限大！

マニアは歌詞もテキストマイニング♪

1.2 データ分析はPPDACで計画的に

さて！「テキストマイニングをやるぞ！！」と思ってはみたものの、やっぱり何から取り掛かればいいのか分かりません……（涙）。
そもそも、どんなテキストデータを使って、どうやって分析していけばよいのでしょうか？！

それは非常にいい質問だ。じゃあ、逆に聞くけど、今回のデータ分析の目的は何だっけ？
テキストマイニングに限らず、**データを分析するうえで最も大切なことは「目的」を明確にすること**。目的がはっきりしないうちにデータ分析を急いでも、望ましい結果はまず得られない（キリッ）。

目的ですか……。今回の場合、商品企画のため、でしょうかね？

ざっくりだね（笑）。商品企画といっても、例えば**既存商品の課題を解決するための仮説検証**としてデータを分析するのか、**新規商品のためのニーズやシーズの調査**なのか、**競合他社の動向を探りたい**のか、などの目的によって、調べるべきデータや分析手法は異なるもの。
なので、まずは**分析のゴールや知りたいことを明らかにすることはデータ分析の第一ステップ**なんだよ。

確かに、データ分析の目的が明確であればあるほど、具体的にどんなデータを集めれば知りたいことに近づけるかが見えてきそうですね！

そのとおり。データ分析は**PPDACのサイクル**で回していけばいいのだから。

PPDAC？？ それ何ですか？！ 業務改善や課題解決で使われるPDCAなら知っていますが……。

まぁ似たようなものだよ。PDCAは元々は品質管理の分野で使われていたもので、「**Plan（計画）**」「**Do（実行）**」「**Check（検証）**」「**Action（改善）**」という4つのプロセスを順に実施して繰り返すことで成果を高めていこうとするフ

レームワークだよね。PPDACはデータ分析のサイクルで、「**Problem（問題）**」「**Plan（計画）**」「**Data（データ収集）**」「**Analysis（分析）**」「**Conclusion（結論）**」の5段階を循環させて、データに基づいて問題を解決しようとする考え方だ。

PPDACサイクル

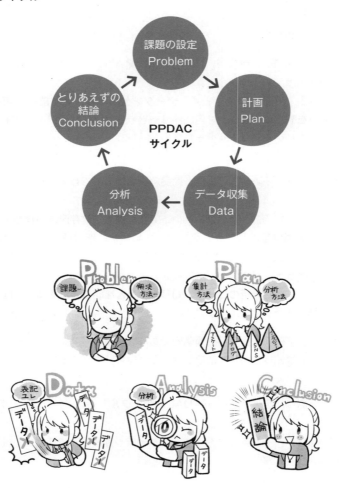

PPDACのサイクルを回していけば、データを使った課題解決の精度がどんどん上がっていくということですね。

そうだよ。なにも初めから時間をかけて大規模データを駆使して細かい分析を急ぐ必要なんて全くなくて、**PPDACサイクルを何回も回しながらブラッシュアップしていく**というのがポイントだね。
今回の商品企画のようにスピードが求められるような場合は特に、初めは曖昧な要素も多いものだから、サイクルを回していく過程で新たな視点や課題が見つかったら随時それらを盛り込みつつ進めていけばいいんだよ。

なるほど！　初めはざっくりした状態から始めてもいいんですね！　それなら私にもできそうです！

お、いいね！　特に全く新規の商品を企画するような場合は、PPDACの1周目のサイクルでは最初の「P (Problem)」は省略してもいい。そもそも最初は問題や課題が存在しないこともあるし、それよりもスピーディーさが求められるからね。1周目の分析結果を踏まえて、2周目以降のサイクルで課題を設定するという流れが効率的だよね。

分かりました！　今回のスマートウォッチの企画の場合、会社としては新規参入になるけれどスマートウォッチは既存市場といえるので、最初の「P (Problem)」も含めてPPDACをざっくりと考えてみますね。

PPDAC、こんな感じでよいでしょうか？

Problem　　　：スマートウォッチにどんなニーズがあるのか？！
Plan　　　　　：①インターネットの記事やクチコミサイトなどからスマートウォッチ市場の動向を把握する
　　　　　　　　②アンケートを実施する
Data　　　　　：インターネットアンケートなどでデータを収集する
Analysis　　　：テキストマイニングでテキストデータを分析する
Conclusion：分析結果に基づいて商品企画案を出す

よしよし。実際にサイクルを回しながら精度を高めていくことに意義があるので、まずは分析の大筋が決まったということでOK！

ほっ。目的に向かって筋道を立ててデータ分析を進めていけばよいのですね。PPDACのおかげで、なんだか見通しが明るくなってきました！

第2章

テキストマイニングで
実現できること

2.1 テキストデータVS数量データ?!

2.2 どうやって文章を認識しているの?

2.3 無料ツール「MeCab」を使ってみよう!

2.4 テキストデータを集めるときのポイント

2.5 分析ストーリーを考えてみよう

2.1 テキストデータVS数量データ?!

スマートウォッチの情報を求めて、ひたすらネットサーフィン中。

やけに楽しそうだね。
企画書のネタになりそうなキーワードとか見つかった?

ドキッ!! スマートウォッチに関するいろいろな記事やブログを読んで、主な機能や、売れ筋の商品の評判はなんとなく分かったような……?

じゃあ、それを**定量的**に説明できる?

定量的に?!

数量や数値を使って具体的に表すのが定量的な説明だ。
例えば、日本の独身男性の7%が業界シェア30%の掃除機を平均5年間使っている、みたいにね(数字はテキトーに言ってみた)。
一方、数値で表せられない文章などは**定性的**な情報。ネット上の書き込みやアンケートの自由記述文、インタビューやヒアリング調査の結果などは文字や音声などの定性的な情報なので、そのままの状態では統計的に分析することは難しい。

なので、**定性的なテキスト情報をテキストマイニングで数値化する**ことにより、定量的な分析ができるというわけだ。

アナログで感覚派の私は定性的、デジタル派でロジカルな先輩は定量的って感じですね！

そ、そんな感じかな。
いずれにせよ、それぞれのメリットとデメリットを念頭において、両者を使い分ける、または組み合わて使うことが重要ということ。

分析アプローチの違いと特徴

	特徴	メリット	デメリット
定量的アプローチ (定量調査・分析) 数値、率、●●%……	明確な数値データに基づいて ・事実や状態を説明する ・傾向を掴む・仮説の検証をする	・論理的な説明・理解が容易である ・誤差が少ない ・全体構造が把握しやすい	・理由、原因が分からない ・少数データは捨てられがち
定性的アプローチ (定性調査・分析) 文章、音声、画像……	質的な文章データ等に基づいて ・背景や意図を推察する ・潜在的な意識を探る ・仮説立案のヒントを得る	・理由や原因の理解を助ける ・直感的な発想が生まれやすい ・少数データも重宝される	・解釈に差が出る ・代表性に乏しい

調査や分析では、定量と定性どちらからもアプローチして、お互いの足りない点を補い合えば完璧ですね！

そういうことだね。では、具体的にどのようにして文章データの分析が実現できるのか、テキストマイニングの技術的なことを軽く説明しておこう。

（理解できるかどうか分かりませんが……）よ、よろしくお願いします！

2.2 どうやって文章を認識しているの？

まず、コンピュータで言葉を解析するために「**自然言語処理**」という技術が使われている。
自然言語というのは、ぼくたちが日常で会話したり書いたりしている日本語や英語など。
それらの言葉をコンピュータで扱えるように処理する一連の技術を自然言語処理といって、例えば身近なところでいうとインターネットの検索エンジンや、Siriなどの音声対話システムでも使われている。最近では人工知能の対話生成などでも注目されている技術なんだよ。

自然言語処理に関わる領域

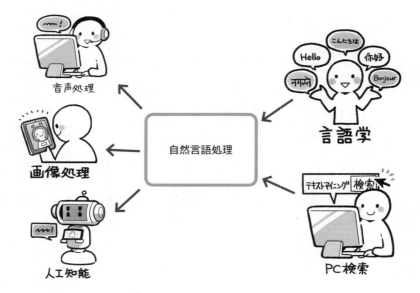

自然言語処理を用いた音声対話

たまに見かけるあのロボット君も、自然言語処理のおかげで会話が上手にできているということね……。

そう。話しかけられた日本語を自然言語処理で解析し、データベースに問い合わせて、返答する最適な言葉を選び出しているんだよ。

私の脳にもぜひ入れてほしい技術ですね……。

そうだね……。で、テキストマイニングの話に戻すと、その一連の流れの初めのほうにあるのが、自然言語処理の中でも**「形態素解析」**だ。

テキストマイニングの基本的な流れ

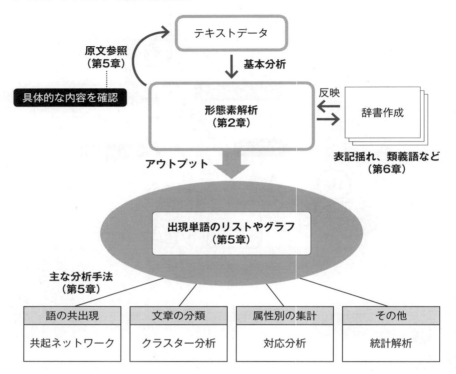

形態素解析では、「辞書」を使って文章を「**意味のある最小のまとまり（＝形態素）**」に分割し、それぞれの品詞などを判別することができる。例えば……
君の今の気持ちを一文で表してくれるかい？

え〜っと……、「私はお腹がすいた。」でしょうかね。

想定外の答えをありがとう。
その文章を形態素に分けると、
「私」「は」「お腹」「が」「すい」「た」
となる。

形態素解析の例

私はお腹がすいた

▼ 形態素解析

| 私 | は | お腹 | が | すい | た |
| (名詞) | (助詞) | (名詞) | (助詞) | (動詞) | (助動詞) |

これを自動でやってくれるのが形態素解析ツールで、無料で使えるエンジンやWeb APIがいろいろあるんだよ。
日本語の形態素解析エンジンの中で最もよく使われている「MeCab」に入力すると、それぞれの品詞や基本形、活用形が以下のように表示される。

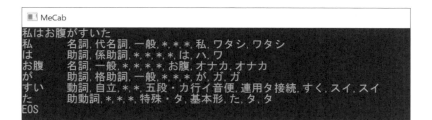

へぇ！　賢い！　形態素解析のおかげでコンピュータが文章を読み取っている感じがしますね！

まぁ実際に文章の内容を理解しているわけではないんだけどね。
形態素解析エンジンには単語リストのような「辞書」が組み込まれているので、その辞書のおかげで文章を形態素に分割したり品詞を判別できたりするんだよ。

なるほど〜。では、組み込まれている辞書が異なると、得られる結果も違ったりするんですか？！

お！　いいところに気付いたね。実はそうなんだ。例えば、MeCabではIPA辞書（mecab-ipadic）がデフォルトのシステム辞書として使われているんだけど、その他、国立国語研究所の「Unidic」や、新語や固有表現に強い「mecab-ipadic-NEologd」という辞書に変更することもできる。
※ただし、システム辞書の変更にはプログラミングの知識が必要です。

うむむ……。まだ実際に使っていないので、辞書の違いについて実感が湧きませんね。

まぁ確かにそうだね。これから実際にKH CoderでMeCabやChaSenを使って形態素解析をやってもらうので、そこで感じてもらうとしよう。

ちゃせん？！

「めかぶ」も面白いネーミングだなと思っておりましたが……。

ChaSenも形態素解析ツールの1つで、MeCabと同様、KH Coderに標準で搭載されているんだ（ちなみに、MeCabの由来は開発者の好物の和布蕪（めかぶ）、ChaSenは開発元が所在する地域の特産品である茶筌が由来だそう）。
形態素解析ツールは他にもさまざまな研究機関などで開発されていて、日本語テキストを扱うサービスやアプリなどに組み込まれているんだよ。

形態素解析ツールの仕組み

形態素解析ツール（エンジン、API、ライブラリ）の仕組み

MeCabの場合、「IPA辞書」が標準のシステム辞書となっており、必要に応じて辞書の追加や変更が可能。

形態素解析ツールができること

① 文章を形態素に分割する
② 品詞を判別する（名詞や形容詞などに分類する）
③ 原型を付与する（動詞や形容詞などの活用形を基本形にする）

形態素解析ツールの一例（オープンソースで日本語対応のもの）

ツール名	特徴
MeCab ※ KH Coder 搭載	日本語の形態素解析エンジンの中で最もよく使われている。動作速度と精度のバランスが良く、さまざまな辞書と連結することができる。外国語にも対応 「R」や「Python」ですでに MeCab を用いたテキストマイニングの環境がある場合は、KH Coder でも MeCab を選択すると互換性がとれてよい
ChaSen（茶筌） ※ KH Coder 搭載	奈良先端科学技術大学院大学の自然言語処理学講座にて開発された、下記「JUMAN」がベースとなっている KH Coder で「複合語の検出」を行う場合、新規プロジェクト作成時に ChaSen を選択しておくと動作環境が良い
JUMAN	京都大学大学院情報学研究科の黒橋・河原研究室にて開発された 判別精度が比較的高く、表記揺れの多いものを解析するのに適している 自動辞書（Web テキストから自動獲得された辞書）が使用できる
Kytea	機械学習が用いられた形態素解析ツール。基本形を取り出すことはできない

形態素解析の世界もいろいろあるんですねぇ。

1日に軽く20回以上はネットの検索エンジンにお世話になっている私としたことが、その裏で形態素解析エンジン様が動いていらしたとは……（大変失礼いたしました）。

では、私もMeCabをお昼休みにインストールしておきますね（ということで、お昼ごはんっと♪）！

2.3 無料ツール「MeCab」を使ってみよう！

■ MeCabのインストール方法（Windows版）

❶ まず、MeCabの公式Webサイト（http://taku910.github.io/mecab/）にアクセスし、「ダウンロード」をクリックします。

❷ Windows用インストーラー（Binary package for MS-Windows）のexeファイル（mecab-0.996.exe）をダウンロードします。

❸ mecab-0.996.exeを実行してインストーラーを起動し、言語を選択して「OK」をクリックします。

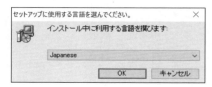

❹ セットアップを開始します。
「次へ」をクリックします。

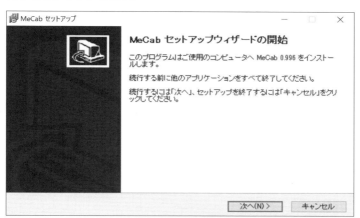

❺ 文字コードを選択します。
WindowsでMeCabを表示させるためには「SHIFT-JIS」を選択して「次へ」をクリックします。

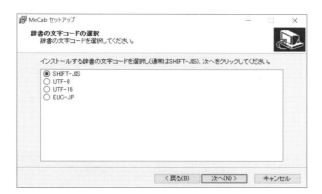

❻ ライセンス規約が表示されます。
「同意する」を選択して「次へ」をクリックします。

❼ インストール先を指定します。
デフォルトでは「C:¥Program Files(x86)¥MeCab」となっています。
必要に応じてインストール先のフォルダを選択し、「次へ」をクリックします。

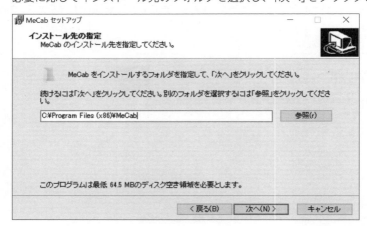

❽ プログラムグループを指定します。
デフォルトの「MeCab」のまま「次へ」をクリックします。

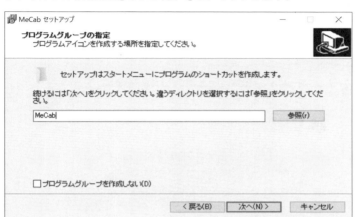

❾ 内容を確認して「インストール」をクリックします。

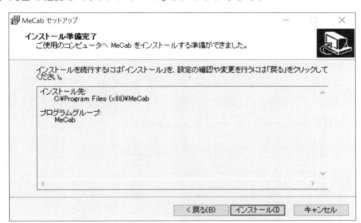

❿ パソコンの管理者権限がある場合、すべてのユーザにMeCabの使用を許可するかどうかを選択します。

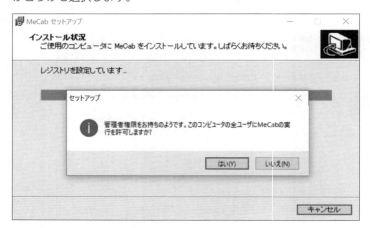

⓫ MeCabの辞書を作成します。

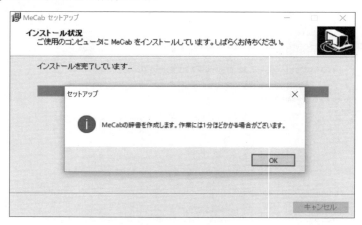

❷ インストールが完了しました！

MeCabのインストール、あっという間にできました♪

デフォルトの設定でインストールするとデスクトップにMeCabのアイコンが表示されます。

文章を自由に入力して形態素解析を試してみるといいよ。

こんな感じで入力してキーボードのEnterを押すと、

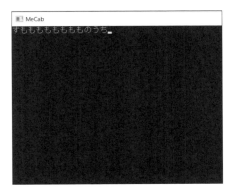

続けて結果が表示されるってわけですね。

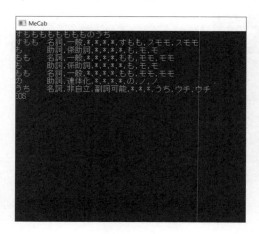

ところで……、文章を入力するとあっという間に形態素に分割されて品詞などが判別されるのは面白いのですが、、これでデータ分析ができるとは思えません。。

おっ！　早くデータ分析がやりたくなってきたようだね(笑)。まぁ急ぎなさんな。
確かに、**形態素解析は定性的なテキストを定量的分析へと橋渡しをするための「前処理」**という位置付けにすぎない。でも、これなくしてテキストマイニングは成り立たない重要な技術なので、頭の片隅に入れておくように。

は、はい。ケイタイソカイセキ君は縁の下の力持ちということで……。
とにかく、テキストマイニングの旅はまだ始まったばかりということがよく分かりました！

ようやく一歩前に進んだのかしら……。

2.4 テキストデータを集めるときのポイント

 (なんだか近寄りがたいんだけど。。)その後どう？

 さっき考えたPPDACをもとに、テキストデータを集めようとしているんですが、やみくもにネットの記事を探していてもきりがないような感じがして……。データを収集するにあたって、何らかの基準というか、気にするべきポイントはありますか？

いい質問だね。**テキストデータは定性的情報なので、それだけではどうしても主観的かつ感覚的な側面に偏ってしまう。**それを回避するためにも、客観的指標となる定量データが併用できると安心だね。

データ至上主義の部長を説得するためには、やはり客観性のある定量的なデータ分析も避けては通れないってことですね……。

定量が定性より優れているわけではないのだから、気に病むことはないよ。両者のバランスがよければ分析の精度も上がって説得力が増すことは間違いないが、最も大事なのは**分析の目的に応じて定量データと定性データを使い分ける**ことだからね。

定量データと定性データのバランス

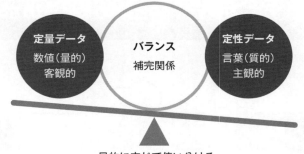

そして、分析の視点(指標)をあらかじめ定めておくことも重要だ。これも目的に応じてね。

う～む。。

例えば、今回「スマートウォッチのニーズをテキストデータから探る！」という目的を掲げているけれど、それは誰のニーズのことを言ってるの？

え～っと、、スマートウォッチを買いそうな人……でしょうか？

って誰？　例えば、成人式を控えた孫へのプレゼントとして、おばあちゃんが買う可能性もあるよ(笑)？

誠に申し訳ないですが、おばあちゃんは想定している購買層ではないです……。

というように、例えば、年齢や性別、職業など、目的に応じて得たい**データの属性を細分化**して視点を定めておかないと、役に立たないデータを無駄に集めてしまうことになりかねない。

視点1　細分化（層別化）

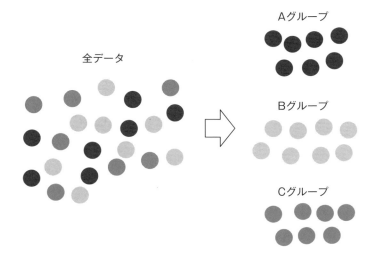

的を絞って有効なデータを効率的に収集せよ、ってことですね！
「スマートウォッチをすでに持っている人」のスマートウォッチに対する意見と、「これから買おうとしている人」の意見でも違うでしょうね。

そうだね。すでに持っている人でも、購買直後なのか、数年使っているのかによっても変わってくるだろうしね。
ある一定の期間や時刻などの**時系列**で変動を調べて規則性を見出そうとするのも分析の視点の1つ。

視点2　時系列（期間や時刻）

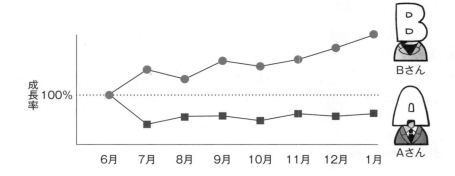

さらに、スマートウォッチといってもメーカーや機種の違いによって評価が異なるだろうから、それらの違いについて詳しく調べれば、有用な知見が得られそうだよね。**他者（他社）**と比較するという視点により、見えてくるものは大きい。

そうですね。うちは時計メーカーなので、スマートウォッチと時計の違いを比較しても何か有益な情報が得られるかも！？

視点3　他者（他社）

以上のように、主に3つの視点（指標）があれば、データ分析の基本である**データの比較**ができる。それによって分析の客観性が増すので、目的や用途に応じた視点をいくつか持ったうえでデータを収集するといいよ。

なるほど〜。今まで、いかに漠然としていたかを痛感しました。
とにかく、これから新規にデータを集めるにしても、既存のデータを流用するにしても、**分析の視点（比較対象）を意識してデータを準備する**ことが大切なんですね。

デスクリサーチという名のもとに漫然とネットサーフィンしていた数分前の自分を恥じる……。

データの比較に使われる3つの視点

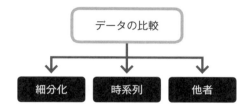

そうだよ。テキストデータと数値データという質の異なるデータ両方から**相互補完的**にデータの関係性を読み取ったり、目的に応じてさまざまな視点からデータを比較したりして、主観に偏ることなく**定量的な裏付けに基づいた分析**ができるようにデータを収集すること。
そうすれば、論理的で筋の通ったストーリーが組み立てられるというわけだ。

ほほー。さすがロジカル男子！　どんな種類のデータを用いれば目的に至るのか、論理的な分析ストーリーを設定したうえでデータを集めていたとは、今まで知りませんでした……。

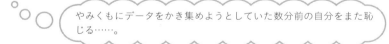
やみくもにデータをかき集めようとしていた数分前の自分をまた恥じる……。

さっき考えてもらったPPDACのPlan（＝分析の計画。分析のゴールを明確にし、データの収集方法や分析手法、手順などを決める）の部分を、具体的な視点を加味しながら設定していけばいいんだよ。

分かりました！　ざっくりしすぎていたPPDACに具体性と客観性を加えるべく、3つの視点を踏まえて分析ストーリーを考えてみますね！

2.5 分析ストーリーを考えてみよう

おっ、いいね！ 定性データと定量データの組み合わせで分析ストーリーに現実味が出たね。
では、まずはネット情報のテキストマイニングにより現状を把握し、何らかの仮説が出てきたらアンケートで検証をして深堀りをするという大筋で進めてみようか。

え〜っと、仮説って最初に立てておかなくてもいいんですか？？

ナイス質問！ もちろんリサーチの前に仮説を立てるのは必須事項だけれど、今回のような「新規」製品の企画の場合、最初に仮説ありきで進めてしまうと自由な発想や意見が制限されてしまうので注意しないとね。

確かに。がちがちに仮説が決まっているとサプライズは生まれない気がしますね。

なので、**今までにないものや価値を生み出そうとする場合は、仮説検証型ではなくアイデア探索型で進める**のがおすすめ。
一方、「新規」ではなく「既存」製品の改善や課題解決がテーマであれば、過去のデータや経験がすでにあるので、そこから導かれる仮説を立ててから分析を進めるのが効率的な流れだといえるね。

調査目的とデータ種別

アイデア探索型	**新たなアイデアやヒント**を得ることを目的とし、仮説が立てにくい初期の段階で方向性や初期仮説を発見するために行う調査 主に**定性データ**によって探索される
仮説検証型	仮説を検証するために行う調査。既存の製品・サービスや市場の**課題解決**に適している 主に**定量データ**によって検証される

今回のスマートウォッチの調査の場合は新商品の企画なので、まずはアイデア探索型で調査を行い、既存のスマートウォッチユーザに対しては仮説検証型で進める方向でいきたいと思います！

第3章

気軽に始める
テキストマイニング

3.1 誰でも使える!?　KH Coderとは

3.2 KH Coderをインストール

3.1 誰でも使える!? KH Coderとは

さて、いよいよ実際にテキストマイニングのツールを使って進めていくが、ありがたいことに手軽に使える無料ツールがいくつかある。なので、好みや用途に応じて使い分けられるといいよね。

あ、あの〜、まだ使い分けるというレベルでは全然ないので……。とにかく操作が簡単で、直感的に理解できるものでお願いしたいのですが……。

それなら「KH Coder」がいいかな。**KH Coderは立命館大学の樋口耕一先生によって開発されたオープンソースのフリーソフトウェア**で、テキストマイニングの入門から上級までの各種機能がバランスよく実装されている。なので、趣味でテキストマイニングをやってみたい人から、ビジネスや学術研究分野に至るまで、幅広いユーザに支持されている。

趣味でテキストマイニング?! マニアックな人もいるものですね……(私の知らない世界)。

いやいや。テキストマイニングそのものが趣味なわけじゃなくて(もちろん中にはそういう人もいらっしゃるかもしれないが)、例えば、好きなアニメの主題歌やアイドルの歌詞だったり、分譲マンションの広告に載っているキャッチコピー(マンションポエム)だったり、有名人のブログやTwitterだったり……、興味の赴くままにテキストマイニングにトライしているってこと。

面白そうな分析がいろいろあるんですね。やる気と勇気が湧いてきました!

KH Coderの公式Webサイト(http://khcoder.net/)には、他にもさまざまな分野の分析事例が紹介されているよ。KH Coderの主な機能や分析手順も載っているし、「よくある質問(FAQ)」や「掲示板(ユーザーフォーラム)」などのサポートも充実しているので、とにかくやってみるべし!

KH Coder 公式Webサイト (http://khcoder.net/)

ということで、まずはKH Coderを自分のパソコンにインストールしておいてくれたまえ。

は、はい。かしこまりました〜。

 KH Coderをインストール

■ Windowsの場合

❶ KH Coder公式Webサイト (http://khcoder.net/) の「ダウンロードと使い方」の

「KH Coder3(最新版)ダウンロード」をクリックします。

❷ Windowsのパソコンにインストールする場合、「Windows版パッケージ」のexeファイル「khcoder-3a13m.exe」(2018/08/05現在)をダブルクリックすると、自動的にファイルがダウンロードされます。

❸ 「実行」をクリックします。

❹ インストール先のフォルダを指定し（デフォルトの設定では「C:¥khcoder3」）、「Unzip」をクリックすると自動的にインストールが始まります。

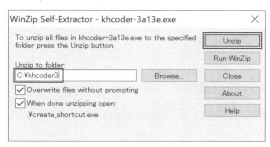

❺ インストール完了！

❻ 「C:¥khcoder3」フォルダ(またはデスクトップに自動作成された「KH Coder 3 Folder」のアイコンをダブルクリックしてフォルダを開き、その中の「kh_coder」ファイルをダブルクリックして起動します。

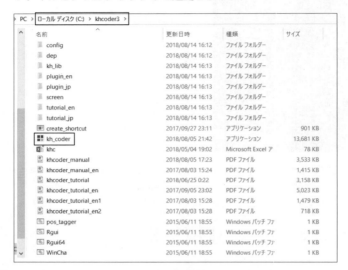

■ KH Coderのショートカットを作成する

パソコンのデスクトップ上にKH Coderのショートカットを作成したり、タスクバーなどに「ピン留め」しておくと、KH Coderへのアクセスがしやすくなって便利です。

ショートカットの作成手順

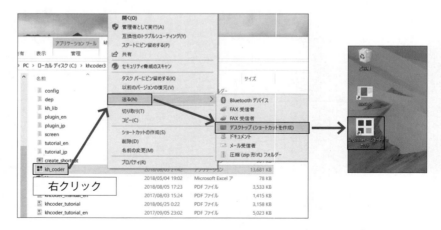

タスクバーに「ピン留め」

> ✦ *Column* ✦
>
> ### MacでKH Coderを使う際の注意点
>
> 　Windows版ではKH Coderの動作に必要なすべてのプログラムやファイルが一括で自動インストールされましたが、Macの場合は、動作に関わるプログラム等（ChaSen、MySQL、Perl、R）をそれぞれ個別にインストールし、設定する必要があります。
>
> 　ターミナルにコマンドを打ち込む操作等、Windows版と比べてPCの設定に関する知識や手間暇を要するため、KH Coderの公式Webサイト（http://khcoder.net/mac_com.html）では有償サポートとして自動設定ソフトウェアが提供されています。
>
>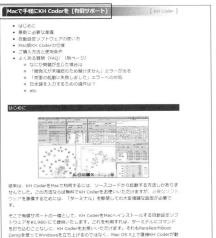
>
> ※本書では、Windows版KH Coderの操作画面にて説明を進めます。Mac版とWindows版ではインタフェース（表示画面）が異なる場合があることをご了承ください。

第4章

テキストデータを準備する

4.1　目的別：分析ファイルの作り方
4.2　KH Coderで「新規プロジェクト」スタート！

4.1 目的別：分析ファイルの作り方

KH Coderがインストールできても、分析データがなければ分析はできない（キリッ）。

た、確かにそうですが。とにかく早く分析に取り掛かりたいので、KH Coderの分析用データの作り方を教えてください！

KH Coderでは、大きく分けると3パターンのデータ（ファイル）作成方法がある。**1つの文書だけ**を分析したいのか、**複数の文書**をまとめて分析したいのか、**文章＋対応する変数**を同時に分析したいのか。分析対象の違いによってデータの作り方が異なるんだよ。

■ Case1　1つの文章データのみ分析対象とする場合

- ・文章の要点・テーマなど、文章の全体像をざっくりと知りたい
- ・本格的な分析をする前に、予備的な知見を得たい
- ・まずは最小限のデータでテキストマイニングを試してみたい！
- ・とにかく手早くテキストマイニングを試して、分析の第一歩を踏み出したい！

→**テキストエディタ**に文章を入力または**コピー**し、1つの**テキスト形式ファイル**で保存・管理

※テキストエディタは Windows標準搭載の「メモ帳」や「サクラエディタ」「秀丸」などをお使いください。ただし、正規表現(6.2節参照)を使う場合、メモ帳は対応していないのでご注意ください。

→手順は54ページへ

■ Case2　複数の文書をまとめて分析する場合

・複数の文書を同時に分析＆比較したい
・複数の文書のテーマや特徴を知りたい

→複数のテキストファイルをもとに「結合ファイル」を作成して保存・管理

→手順は111ページへ

■ Case3「文章」＋「文章に対応する変数」を同時に分析する場合

- アンケートの自由記述回答文と回答者の属性（性別や年代など）を対応させて考察したい
- 文章と複数の変数について、切り口を自由に変えて調べたい
- 文章だけでなく、それに対応する変数や要因との関連性を分析したい

→**Excelに文章と外部変数を入力し、Excel形式（またはCSV）ファイル**で保存・管理

→手順は172ページへ

 なるほど！　分析の目的や状況に応じて、作成するデータの形式が違ってくるということですね。

私の場合、スマートウォッチに関するネットの記事やクチコミなどの文章を

予備調査的に調べて分析の当たりをつけたいので、まずはCase1の方法でやってみます！

ところで、データは準備できているのかな？

え〜っとですね、分析してみたいインターネットの記事やブログをいくつか見つけたものの、そこからどうやってテキストデータを取り出せばよいのやら……。Webページをそのままコピペしちゃってもokですか？？

著作権法（47条の7）には「コンピュータを使った情報解析のために、必要と認められる限度において複製することができる」とあるので、Webサイトからテキスト部分をコピーしてデータ分析をするのは認められているよ。
※ただし、会員登録が必要なサイト等は登録時に同意した利用規約を遵守する必要があります。

ほっ。ひとまず安心。では、とにかく手っ取り早くネットの記事を分析してみたいので、気になるWebサイトのテキスト部分をコピーしてみますね！

Webページからテキストを簡単にコピーするには

①テキストエディタを起動しておきます。
②分析したいWebページを開き、キーボードの「Ctrl」を押しながら「A」を押してページ全体を範囲選択します。
　　　↓
③キーボードの「Ctrl」を押しながら「C」を押してコピーします。
　　　↓
④起動中のテキストエディタを選択し、
⑤キーボードの「Ctrl」を押しながら「V」を押してデータを貼り付けます。

※Webページの量が多い場合、スクレイピングツールなどを使ってデータを取得することもできますが、使用にあたっては各ツールの使用に関する免責事項をよくお読みになり、著作権等の取り扱いにご注意ください。

簡単な手順でデータの概要を把握できる！

Case 1 「文章のみ」を分析対象とする場合

❶ 分析対象となるテキストデータをテキストエディタにコピーまたは入力します。

❷ テキストエディタは、保存時に**文字コード**を選択できるようになっているので、**文字コードを「Shift-JIS（S JISまたはANSI）」「JIS」「EUC-JP」「UTF-8」のいずれかに設定し、テキスト形式（*.txt）で保存**します。

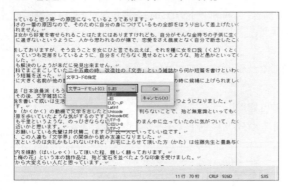

❸ 分析対象ファイル（テキストバージョン）の作成が完了しました。

このままKH Coderの分析に進む場合は、続く4.2節へ。

データのクレンジング（分析の精度を上げるために誤字や表記の違いを補正するなど）をする場合は第6章へ。

4.2 KH Coderで「新規プロジェクト」スタート！

さて、いよいよKH Coderを使ったテキストマイニングの始まり始まり〜！

KH Coderでは、まず最初に「新規プロジェクト」を作るところからスタートします。

❶ パソコンにインストールされているKH Coderフォルダ内の「**kh_coder.exe**」をダブルクリックします（デスクトップなどにショートカットを作成しておくと便利です）。

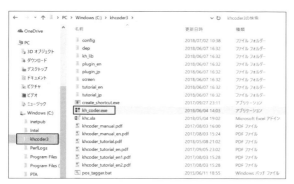

❷「プロジェクト」→「新規」を選択します。

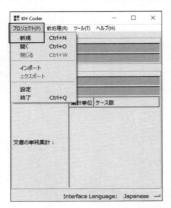

❸「参照」をクリックし、分析対象ファイルを選択します。

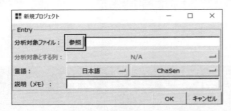

54ページの手順で作成されたテキスト形式のファイル(*.txt)を選択します。

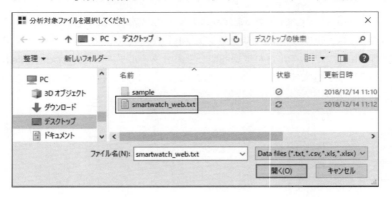

❹ 「言語」が「日本語」であることを確認します（分析対象ファイルが他の言語の場合、クリックして言語を選択します）。

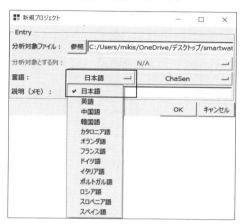

❺ 使用する形態素解析エンジン（日本語の場合、ChaSenまたはMeCab）を選択します。

❻ 必要に応じて「説明（メモ）」に入力します。

そうすると……、作成したプロジェクトを再度開くときの画面に説明（メモ）が表示されます。

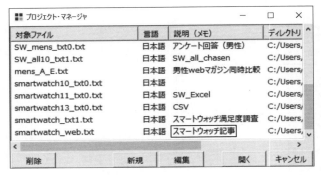

❼ すべての項目を設定したら「OK」をクリックします。

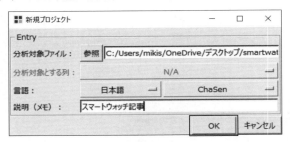

❽ 最初の画面に戻るので、「前処理」メニューの「分析対象ファイルのチェック」を選択します。

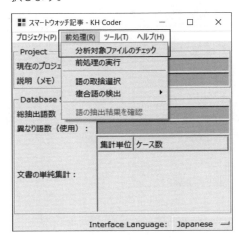

❾ 「この処理には時間がかかる場合があります。続行してよろしいですか？」とメッセージが表示されますので、「OK」を選択します(数秒で終わります)。

❿ ファイルのチェックが終わり、問題点があれば「Results＆Messages」に表示されます。問題点の詳細を確認する場合は「画面に表示」をクリックします。

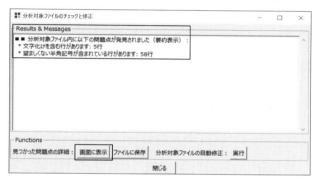

⓫ 自動修正を行う場合、「分析対象ファイルの自動修正」の「実行」ボタンをクリックします。

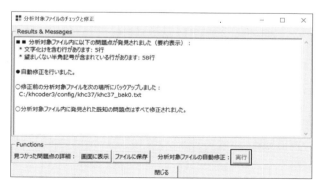

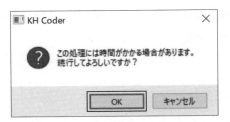

⓬ 問題点が修正されたのを「Results＆Messages」で確認したら、「閉じる」のボタンをクリックして画面を閉じます。

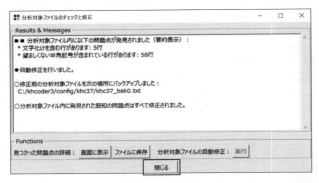

無事にファイルのチェックが済んだら、ここから一連のテキストマイニング処理が始まります！

⓭ メニューの「前処理の実行」をクリックします。

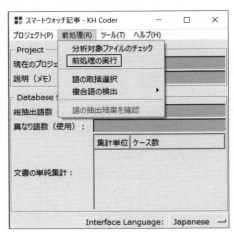

⓮ 再び、「この処理には時間がかかる場合があります。続行してもよろしいですか？」と表示されるので、「OK」を選択します。

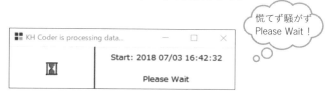

慌てず騒がず
Please Wait！

データの量やコンピュータのスペックなどによって所要時間が異なりますが、一般的には数秒〜数分で完了します。

 ところで、「前処理」って……、KH Coderの中で何が処理されているのでしょう？？

 形態素解析エンジン（MeCabやChaSen）の辞書を用いて、「形態素解析」（2.2節参照）が行われているんだよ。

⓯ 抽出された語の総数などが「Database Stats」の部分に表示されます。

わーい！　「新規プロジェクト」が作成できました！

> ## ✦ Column ✦
> ### KH Coderのテキストデータ作成要件
>
> 　KH Coderで日本語データを分析する場合、以下のような作成要件があります。
> 　各要件に適さないデータであっても、KH Coderの「分析対象ファイルの自動修正」（59ページの手順11）によって自動的にデータの修正ができる場合がほとんどですが、自動変換によって元データのどの部分がどのように修正されるのかを知っておくことは大切です。理想をいうと、元のファイルに戻って該当箇所を確認し、分析者ご自身の判断で修正することをおすすめします。
>
> ①分析対象となるテキストに半角の山括弧「<」「>」を含めない（KH Coderでは半角の山括弧は特定の目的で使われているため）。
> ②文字コードEUC-JPで定義されていない文字（例えば「①」（全角丸付き数字）や「Ⅱ」（全角ローマ数字）などの環境依存文字）を分析対象テキストに含めない（これらの文字や、文字化けしている部分は「分析対象ファイルのチェック」によって一括で削除される）。
> ③改行で区切られていない1つの行あるいは段落が、全角4,000字を超えてはならない（「分析対象ファイルのチェック」によって、ほとんどの場合は自動的に処理される）。
> ④原則的に、分析対象テキストに半角文字を用いないことが望ましい（KH Coderに「未知語」として認識される可能性あり）。
> ⑤255文字を超える長さの語が抽出された場合、KH Coderは255文字に短縮したうえで保存される（短縮が行われた旨のメッセージが画面に表示される）。
> ⑥一部の特殊文字は自動的に「?」に変換、または削除される。
>
> ※上記②と③は、KH Coderで文章中から語を取り出す際の形態素解析ソフトとして「ChaSen」を選択した場合のみの制限です。形態素解析ソフトとして「MeCab」を使用した場合にこれら2つの制限は生じません。

第5章

KH Coderで伝える！
分析アウトプット5選

5.1 どのような語が多いか、少ないか

5.2 原文で実際にどう使われているか

5.3 共に使われている語を繋ぐネットワーク

5.4 似たものを集めてグループ化

5.5 関係性を多次元空間にマッピング?!

5.1 どのような語が多いか、少ないか

KH Coderの「前処理」では、テキストデータ全体から分析対象の語が切り出される（＝語の抽出）。つまり、分析前の下処理ができたということだね。
この前処理によって、抽出された語の数がカウントできるようになり、統計的な分析へと進む準備が整ったというわけだ。

（統計はともかく）どんな言葉がどのくらい使われているか、早く知りたいです！

そうだよね。文章全体でどのような語が多いのか、あるいは少ないのかを把握する「抽出語リスト」から、今後の分析のための重要なヒントが得られる可能性は高いからね。そして、データのクレンジングが必要かどうかの判断材料にもなる。

はい！　前処理が終わったら、まず最初に抽出語リストの確認！　ですね。

KH Coderでは、抽出語リストを出力する方法が2種類あります。
KH Coderの画面上で簡易的に表示させる方法と、**Excelに出力する方法**です。

■ KH Coder画面上で抽出語リストを表示する

頻度の高い順に並んだ抽出語リストをKH Coder上で確認できます。

❶「ツール」メニューの「抽出語」-「抽出語リスト」を選択します。

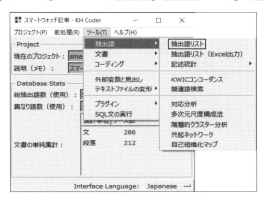

❷ 頻度の高い順に、抽出語リストが表示されます(デフォルトでは上位100語)。それぞれの「抽出語」に対応する「品詞」と「頻度(出現回数)」が一覧となっています(今回の例では、文章中に「スマートウォッチ」は453回、「機能」は186回出現しているということです)。

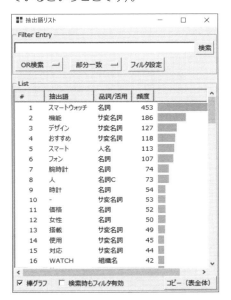

初期の「規定値」で表示されるリストには除外されている品詞体系(67ページ参照)があるので、それらの品詞を加えたい場合や、特定の品詞だけを絞り込んで表示させたい場合は「フィルタ設定」の画面で選択します。
リストに表示させる語の数もここで変更できます。

※「規定値」では、KH Coderの品詞体系(68ページ参照)の「名詞B」「動詞B」「形容詞B」「副詞B」「否定助動詞」「形容詞(非自立)」が表示されていませんのでご注意ください。

❸ 形容詞や動詞など、基本形以外の活用形が使われている場合は、＋マークをクリックして活用形を確認できます。

KH Coderでは、動詞や形容詞など活用のある語を抽出する際、それらの語を基本形に直して抽出する仕様になっています。

※下記の例では、「使う」「使っ」「使い」「使え」「使わ」の各々が基本形「使う」に変換して抽出され、合計41の出現頻度となっています。

KH Coderの品詞体系について

　KH Coderにおける品詞の判別にはChaSenの形態素解析の結果が利用されています。ただし、分析に利用しにくいとされる語（例えば、1文字の半角記号や、どのような文書にも出現しそうな助詞・助動詞など）は「その他」という品詞名となっていたり、平仮名だけで書かれた名詞・形容詞・動詞などは、それぞれ「名詞B」「形容詞B」「助動詞B」という品詞が与えられていたりと、分析時の利便性を考慮してChaSenの品詞から若干の変更が加えられています。

　KH Coderの品詞体系は以下のとおりです。

KH Coderの品詞体系

KH Coder 内の品詞名	ChaSen の出力での品詞名
名詞	名詞一般（漢字を含む 2 文字以上の語）
名詞 B	名詞一般（平仮名のみの語）
名詞 C	名詞一般（漢字 1 文字の語）
サ変名詞	名詞 - サ変接続
形容動詞	名詞 - 形容動詞語幹
固有名詞	名詞 - 固有名詞 - 一般
組織名	名詞 - 固有名詞 - 組織
人名	名詞 - 固有名詞 - 人名
地名	名詞 - 固有名詞 - 地域
ナイ形容	名詞 - ナイ形容詞語幹
副詞可能	名詞 - 副詞可能
未知語	未知語
感動詞	感動詞またはフィラー
タグ	タグ
動詞	動詞 - 自立（漢字を含む語）
動詞 B	動詞 - 自立（平仮名のみの語）
形容詞	形容詞（漢字を含む語）
形容詞 B	形容詞（平仮名のみの語）
副詞	副詞（漢字を含む語）
副詞 B	副詞（平仮名のみの語）
否定助動詞	助動詞「ない」「まい」「ぬ」「ん」
形容詞（非自立）	形容詞 - 非自立（「がたい」「つらい」「にくい」等）
その他	上記以外のもの

■ Excelに抽出語リストを出力する

Excelでは、形式の異なる3種類（「品詞別」「頻出150語」「1列」）の抽出語リストを作成することができます。それぞれ以下のような特徴がありますので、**用途に応じた使い分け**が可能です。

品詞別の抽出語リスト

KH Coderの**品詞体系別**に、出現回数の多いものから少ないものまで、すべての抽出語を見渡すことができます。

❶ 「ツール」メニューの「抽出語」-「抽出語リスト（Excel出力）」を選択します。

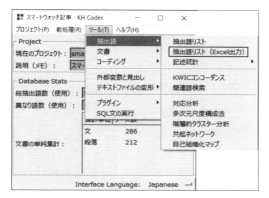

❷ 「抽出語リストの形式」を「品詞別」、「記入する数値」を「出現回数」、「出力するファイル形式」を「Excel」とします。

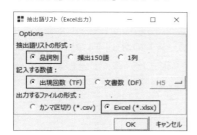

❸ A列には名詞、C列にはサ変名詞、というように、語と出現回数がセットになって頻度の高い順に表示されます。

それぞれの抽出語の隣の数値は、全テキストデータにおける出現回数を表しています。

※名詞では「スマートウォッチ」が453回、サ変名詞では「機能」が186回、文章内に出現しているということです。

 このリストを見て、「あれれ？！　名詞の2番目の「フォン」っておかしくない？！　その中に「スマートフォン」も含まれているんじゃないの？？」と思ったあなた、勘が冴えていますよ。対処方法については、舞さんが気付き次第ご説明いたしましょう。

頻出150語の抽出語リスト

出現頻度のトップ150語が表示されます。リストがコンパクトにまとまるので、レポートに添付する際は便利です。ただし、トップ150以下の語はもちろん、出力から除外される品詞があるので注意が必要です。

※除外される品詞は、「未知語」「感動詞」「名詞B」「形容詞B」「動詞B」「副詞B」「否定助動詞」「形容詞(非自立)」「その他」です。

❶ 「抽出語リスト（Excel出力）」の画面で「抽出語リストの形式」を「頻出150語」、「記入する数値」を「出現回数」、「出力するファイル形式」を「Excel」とします。

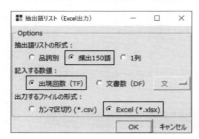

❷ 出現回数の多いものから順に、抽出語と出現回数が50語×3列で出力されます。

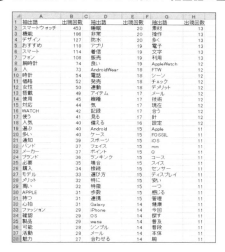

1列の抽出語リスト

　品詞区分に関わりなく、出現回数の多い順にすべての抽出語と出現回数が1列で出力されます。デフォルトではすべての品詞が混ざり合った状態で一覧表示されますが、品詞を絞り込むこともできるので、特定の品詞を分析対象とする場合にも便利です。

❶ 「抽出語リスト（Excel出力）」の画面で「抽出語リストの形式」を「1列」、「記入する数値」を「出現回数」、「出力するファイル形式」を「Excel」とします。

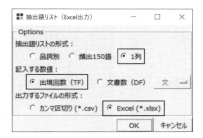

❷ 出現回数順に、すべての品詞がまとめて表示されます。

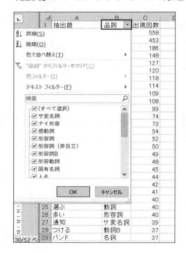

「品詞」の▼をクリックして、特定の品詞だけを表示させることも可能です。

抽出語リストでは、膨大な文章があっという間に出現順にリスト表示されて、感動しました！！

5.2 原文で実際にどう使われているか

ネットの記事の中でスマートウォッチのどんな「機能」がフォーカスされているのかを知りたいのですが、抽出語リストから、「機能」という言葉が全体の中で2番目に多く使われているということは分かったものの……。具体的な内容が知りたいです。

うんうん。いい流れだ。**データ分析は、まずは全体を大きく把握して、そこから気になる点があれば細かく見ていく**というのが正攻法だからね。
KH Coderでは、気になる語が原文でどのように使われているかをKWICコンコーダンスで参照することができるんだ。

KWIC（なんて読めばよいのでしょうか……）？！

KWICはKeyword in contextの略で、**特定の語を前後の文脈もあわせて表示する索引機能**のこと。クウィックと読めばOK。
KH Coderでは、①出力される分析結果のグラフからKWICコンコーダンスを表示する方法と、②KWICコンコーダンスの画面を直接開いて特定の語を検索する方法があるんだ。

　①の「分析結果のグラフ」は抽出語リスト以外にもいくつかあり、それぞれの分析例と共に後述しますので、ここでは抽出語リストからKWICを表示する方法と、②の方法を紹介します。

■ KH Coderの分析結果からKWICコンコーダンスで原文を参照する

「抽出語リスト」から原文を参照する

リストに表示されている抽出語が原文でどのように使われているかを知りたい場合、以下のように操作します。

❶ 抽出語リスト内の該当する語の上でクリックします。

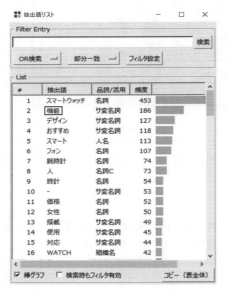

❷ 「KWICコンコーダンス」の画面が表示されます。
前後の文脈とあわせて抽出語がどのように使われているかを確認できます。

ふむ。「機能」の具体的な内容について文脈を1つひとつ確認できて便利ですが、なにぶん186回も使われているので、これではスマートウォッチのどんな「機能」についての記述が多いのかを客観的に把握するのは難しいような……。

お！　君の口から「客観的に把握する」という言葉が出てくるとは（先輩嬉しいよ）！
「機能」の前後にどのような語が多く含まれているかを客観的に知りたいってことだね。そういう場合は「集計」すればOK！

❶ 右下の「集計」をクリックします。

❷「**コロケーション統計**」が表示されます。
特定の語（ここでは「機能」）の前後にどのような語が多く含まれているか、その数と位置関係を確認することができます。
（「左1」はコンコーダンスで調べた語の左隣すなわち直前の語を表し、「右5」は5つ後の語ということです。）

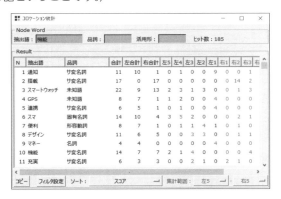

上の図は、「機能」の左右5語以内に出現する語の一覧です（初期値では上位200語）。

例えば、「機能」の直前(左1)に「通知」が9回、2つ後ろ(右2)に14回「搭載」という語が表記されていることが分かります。
ここからさらに品詞を絞り込んで表示することもできます。

❸「フィルタ設定」をクリックします。

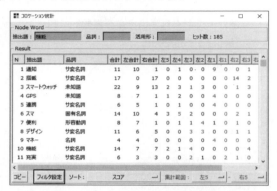

❹ 今回は「機能」の前後の名詞とサ変名詞と未知語に絞り込むことにします。

表示させたい品詞にチェックを付け、「OK」をクリックします。

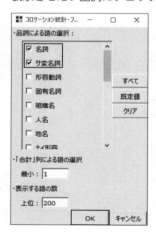

※表示する語の数を初期値の200から変更することもできます。

❺ 「機能」の前後5語以内にある名詞とサ変名詞と未知語が表示されました。

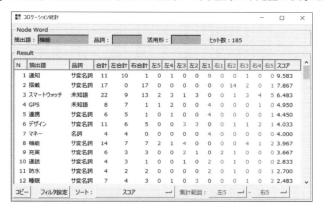

初期状態では、「スコア」の大きい順に並んでいます(スコアの計算は数式によって表されますが、左右の近い位置にあるほどウェイトが高い＝スコアが大きくなるように設定されています)。
「ソート」の横のボタンをクリックして、語の合計数順など他の基準で並べ替えることもできます。

「機能」の近くに位置している(＝「機能」との関連性が強い)語が、客観的な数値によって一目瞭然ですね！

通知の機能、GPSやマネー、通話や防水、睡眠に関する機能を充実させることがスマートウォッチの主なテーマになるかも？！

追加条件を指定する場合

文脈の前後に特定の語が出現していることを条件に追加して(最大3つ)、結果を絞り込むことができます。その場合、その特定の語の「位置」を指定する必要があります。

今回は、「機能」の中でも「健康」について書かれている内容を知りたいので、「「機能」の前後5語以内の位置に「健康」という語が含まれている」という条件を追加して絞り込んでみますね。

❶ 「追加条件」をクリックします。

❷ 特定の語(「健康」)が、どの位置にあるか(「機能」からどれくらい離れているか)を指定します。

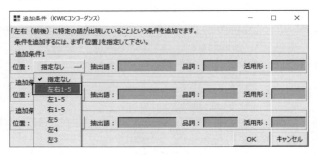

「位置」のボタンをクリックし、「左右1-5」を選択します。

例えば「左1」は、左隣すなわち直前の語を表し、「右5」は5つ後の語ということになります。「左右1-5」は直前または直後の5語以内にあるという指定になります。

❸ 「抽出語」に「健康」と入力し、「OK」をクリックします。

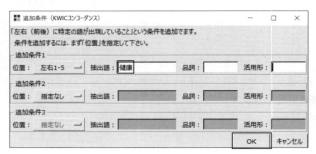

❹ 追加条件を設定した後、忘れず「検索」をクリックします。

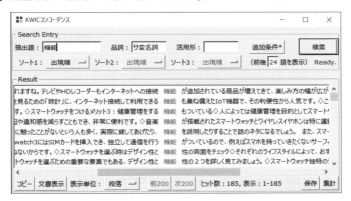

❺ 絞り込まれた結果が表示されます。

「機能」と「健康」が近くに出現する箇所が3つありました。

ふむふむ。前後の文脈を見る限り、健康管理の機能はスマートウォッチを着けるメリットの1つだといえそうですね。

■ KWICコンコーダンスの画面を直接開いて特定の語を検索する

KH Coderのホーム画面から直接KWICコンコーダンスを開いて語の検索を行うこともできます。

「価格」について書かれている内容も気になるので、「価格」で検索してみますね。

❶「ツール」メニューの「抽出語」-「KWICコンコーダンス」をクリックします。

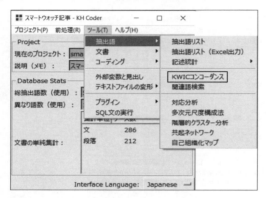

❷「抽出語」の空欄に「価格」と入力し、「検索」をクリックします。

※特定の「語」の指定だけではなく、特定の「品詞」や「活用形」を検索対象とすることもできます。

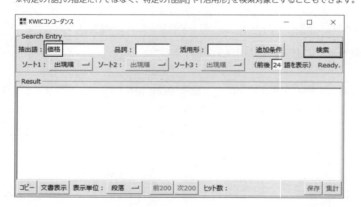

❸ 「Result」の部分に結果が表示されます。

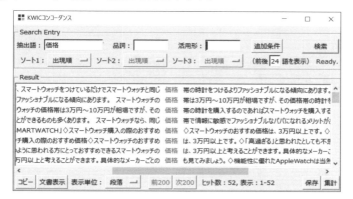

「価格」の前後にどういう形容詞が出てきているのか、この後品詞を絞り込んで調べてみますね！　「高い」とか「安い」とか、価格を形容する語が共に使われているかを調べたいので、そういう場合は右下の「集計」から「コロケーション統計」の画面で確認すればいいですよね（75ページ参照）。

確かに、コロケーション統計では、ある語の前後5語以内にどんな語がどれくらい出現しているかを確認することができる。
でも、前後5語より離れてしまう位置関係であっても、文脈の中に関連の強い語があったりもするよね。
KH Coderでは、「**共起ネットワーク**」という図によって、**ある語とある語が共に出現する（共起する）関係性**を視覚的に把握することができるので見てみようか？

※共起ネットワークの作成手順へと進む場合は89ページへ。

う〜む。。続けて進みたいところですが、「抽出語リスト」を出したときからずっと気になっていることがありまして。。抽出語リストの中に違和感のある語が含まれていたんです……。

どんな違和感？

例えばですね、抽出語のリスト中の「スマート」と「フォン」……、その大半は「スマートフォン」だと思うんですよ。途中で切られてしまっているのが気になります……。

抽出語	出現回数	抽出語	出現回数	抽出語	出現回数
スマートウォッチ	453	睡眠	20	素材	13
機能	186	非常	20	操作	13
デザイン	127	防水	20	多く	13
おすすめ	118	アプリ	19	電子	13
スマート	114	着信	19	文字	13
フォン	108	販売	19	利用	13
腕時計	74	良い	19	AppleWatch	12
人	73	AndroidWear	18	FTW	12
時計	54	電話	18	シーン	12
価格	52	発売	18	チェック	12
女性	50	連動	18	デメリット	12
搭載	49	アイテム	17	メール	12
使用	45	機種	17	技術	12
対応	44	気	17	現在	12
WATCH	42	記録	17	合う	12
使う	41	見る	17	計	12
人気	40	備える	16	設定	12
選ぶ	40	Android	15	Apple	11
多い	40	ケース	15	FOSSIL	11
通知	39	スポーツ	15	iOS	11
バンド	37	フェイス	15	mm	11
メーカー	37	ポイント	15	Q	11
ブランド	36	ランキング	15	コース	11
必要	35	場合	15	スイス	11
購入	34	接続	15	センサー	11
モデル	33	選び方	15	ディスプレイ	11
メリット	32	特に	15	安い	11
高い	32	特徴	15	一つ	11
APPLE	31	歩数	15	感じる	11
持つ	31	連携	15	管理	11
心拍	31	Galaxy	14	健康	11
ファッション	29	iPhone	14	今回	11
確認	29	OS	14	探す	11
製品	29	wena	14	普及	11
可能	28	シンプル	14	普段	11
活動	28	メール	14	本体	11
魅力	27	合わせる	14	納	11

気になる?

は、はい……。そして、ついでに言うと、スマートウォッチについて書かれている記事を集めたデータなので、「スマートウォッチ」が出現回数トップなのは当然の結果なわけで。

あまり意味のない情報だともいえるかと……。

気になるようなら、まずはKH Coder上で手軽に、手早くできる対策をとってみようか。もちろん、テキストマイニングにおいて、これから分析しようとするデータをあらかじめキレイに整えておくことは重要だ。とはいえ、後で説明するけれど、データのクレンジングや整形は、やり始めるときりがない作業なんだよ。

今回は「簡単な手順でデータの概要を把握する」のを目指しているので、原文データを修正するのではなく、KH Coderの機能を使ってみよう。

※KH Coder上での対策ではなく、元データそのものを整形したい場合は第6章へ。

まずは、本来は「スマートフォン」となってほしいのに「スマート」と「フォン」に分かれて抽出されてしまうのはなぜでしょうか？

そのように途中で分割されてしまうのは、テキストマイニングツールの中で動いている形態素解析エンジンの「システム辞書」の判断ゆえ（23ページ参照）、ある程度仕方のないことなんだ。だからといって、そのまま「スマート」と「フォン」に分けられた状態で分析すると不便が生じるなら、**オリジナルの簡易辞書**を作って本来の切り出し方をKH Coder上で指定することができる。

システム辞書を変更するのは大変そうですが、KH Coder内で手軽に指定できるなら便利ですね！

■ 思いどおりの箇所で語を切り出したい場合

　複合語、新語、専門用語、略語、人名、造語などは、形態素エンジンに搭載されている「システム辞書」の関係で、分析者の意図に合わない「語の切り出し方」をする場合があります。

　その場合、該当する語をKH Coder上で「強制抽出」することで、システム辞書に関わりなく理想的な形で語を切り出すことができます。

❶「前処理」メニューの「語の取捨選択」をクリックします。

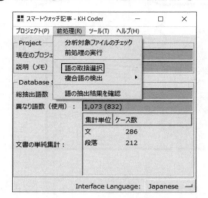

❷「分析に使用する語の取捨選択」の画面が表示されます。

※「新規プロジェクト」を作成した際の分析対象ファイルがExcelの場合、初期状態で「---cell---」と表示されていますが、削除せずそのまま残しておいてください。

❸ 「**強制抽出する語の指定**」の空欄に、強制的に抽出する（＝分析者の思いどおりに切り出したい）語を、**1行につき1語ずつ**入力します。
（初期状態で1行目に「---cell---」と表示されている場合は、2行目から入力してください。）

■ 特定の語を分析の対象から除外したい場合

　文章の特徴をより際立たせるために、分析の対象から外したほうがデータの精度が上がりそうな場合や、データのクレンジング時に除去の漏れがあった場合、該当する語をKH Coder上で簡易的に除外することができます。

　もちろん、元データに戻ってデータのクレンジングを行ってもよいでしょう。どちらの方法をとるかは分析者のご判断にお任せします。

 私は、抽出語リストでダントツ1番だった「スマートウォッチ」を分析の対象から外して、文章の特徴が際立つかどうか試してみるわ。

❶ 「**使用しない語の指定**」の空欄に、分析から除外する語を、**1行につき1語ずつ**入力します。

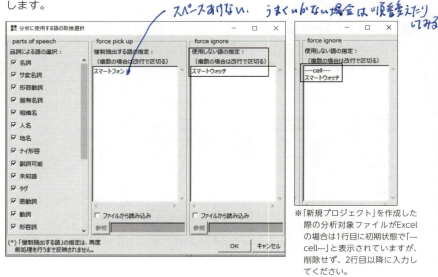

※「新規プロジェクト」を作成した際の分析対象ファイルがExcelの場合は1行目に初期状態で「---cell---」と表示されていますが、削除せず、2行目以降に入力してください。

❷ 「OK」をクリックすると、KH Coderの分析用オリジナル簡易辞書の完成！！

❸ その後、再度「前処理の実行」をします。

❹「抽出語リスト」を確認してみましょう。

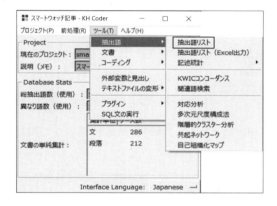

❺ オリジナル簡易辞書の内容が反映されています(「強制抽出」された語は、いずれの品詞であっても「タグ」として認識されます)。

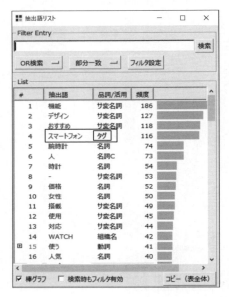

最初はざっくりしていた抽出語リストが、「語の取捨選択」によって精度が上がった気がします!

そうだね。KH Coder上の簡易的なオリジナルの辞書なら、形態素解析エンジンの「システム辞書」の内容を変更することなくリストに反映されるので、抽出結果を見ながらデータの取捨選択ができて便利だね。

5.3 共に使われている語を繋ぐネットワーク

「共起ネットワーク」では、**文章中に出現する語と語が共に出現する（共起する）関係性**を直感的に捉えることができます。

❶ 「ツール」メニューの「抽出語」-「共起ネットワーク」をクリックします。

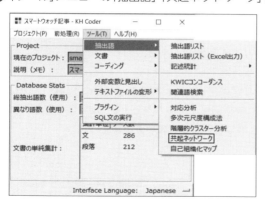

❷ 設定画面が表示されます。
　共起ネットワークに限らず、**左側の「集計単位と抽出語の選択」の部分は、KH Coderで実行できるすべての分析法に共通の設定項目**となっています。

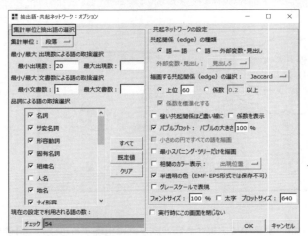

ここでは、出現数・文書数・品詞名という3つの基準で分析対象とする語を取捨選択することができます。

システム側で初期値が設定されますので、まずはそのままの状態で分析を進めて問題ありませんが、例えば、先の抽出語リストで大体の語の出現数が分かっていて、「いくつ以上の出現数の語だけを分析対象としたい」や「特定の品詞だけを分析したい」という場合は規定値を変更することができます。

「出現数」とは、データ全体において語が出現した回数のこと(「最小出現数」が20ということは20回未満の出現数の語は分析結果から省かれるということ)を表し、「文書数」とは、いくつの文書中に語が出現しているかを表しています。

　各々の設定は、後から何度でも変更可能なので、まずは初期設定でOK！

一般的には、「最小出現数」と「品詞」の設定を変えて出力結果の違いを見ることが多いですが、例えばアンケート調査でほとんどすべての回答者が使っている語(「〜思う」)など、出現数が多いものを分析対象から除外する場合は「最大出現数」を設定します。規定値から変更を加えた場合、「チェック」をクリックすると、その条件に適合する抽

出語の数が更新されます。

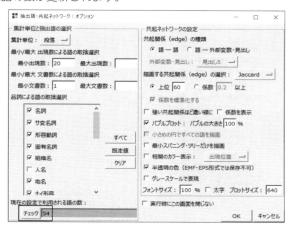

❸ 設定画面の右側で「共起ネットワークの設定」を行います。
まずは語と語の共起関係を描くので「語-語」を選択します（「語-外部変数・見出し」はCase2以降で説明します）。
共起関係をすべて描画すると線が重なってしまうので、「描画する共起関係（edge）の選択」で絞り込みます。
※Jaccard係数については、199ページおよび付録を参照してください。

「最小スパニング・ツリーだけを描画」にチェックを付けると、重要と見られる線だけを使ったシンプルなネットワークが描かれます。

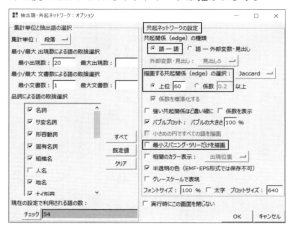

❹ 今回、初期値に追加して「強い共起関係ほど濃い線に」と「最小スパニング・ツリーだけを描画」にチェックを付け、「OK」をクリックします。

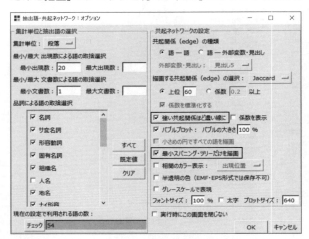

❺ 共起ネットワークが表示されました。

円が大きいほど、出現回数が多いことを表しています。**語と語が線で結ばれているかどうか**が共起性や関連性の有無を表し、**線の太さ**が関連の強さとして表現されています。

※円の位置や近さは共起性とは無関係ですのでご注意ください。

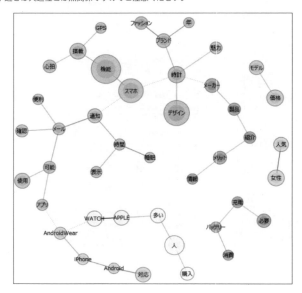

うわぁ！ これが噂の共起ネットワークですね！ どの語とどの語が繋がり合っているのか、私でも直感的に分かりました！

じゃあ、この図からスマートウォッチの記事の内容について、どんなことが言えそう？

え〜とですね、以下の9つのテーマに分類できそうですね。

① デザインやファッション性、時計としての魅力
② 価格やモデル
③ メーカー、製品紹介
④ 女性に人気
⑤ バッテリーの消費や充電
⑥ Apple Watch
⑦ iPhoneやAndroid対応
⑧ メールや睡眠時間の通知、アプリ
⑨ スマホや搭載機能について

というところでしょうか？

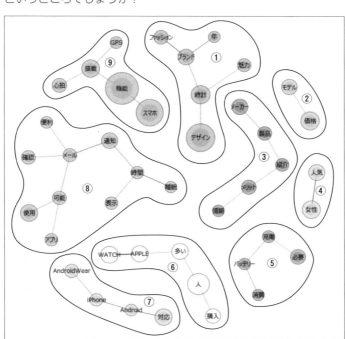

分析したテキストデータは10ページ以上にわたる長い記事でしたが、KH Coderがあっという間にグループ化してくれましたね！　自力では到底無理ですわ。。

そうだね。長い文章を自分で要約しようとしても、主観が入ってしまったり、内容のバランスが原文からずれてしまったりするからね。
その点、共起ネットワークは、文章(定性データ)に出てくる単語の数(定量データ)に基づいて構成されていて、**文章中に多く出てくる単語の出現パターンが似たものを線で繋いでいる**ので説得力があるよね。

おお！　数量的な裏付けがありつつ直感的に理解できるとは、頼もしい限りです！

初期設定で描画される共起関係は上位60となっているが、必要に応じて設定を広げたり絞り込んだりして、文章全体の主要テーマを探っていくといいよ。もし、何か新たなアイデアを得ることが目的なら、選択肢をたくさん出すという意味で共起の関係を一旦広げてみて、そこから絞り込んでいけばいい。拡散と収束ってやつだね。

なるほど！　そういう順番で探索していくと、より共起の強いテーマが分かるので優先順位を付けるのに役立ちますね。
では、この記事の主要テーマをもう少し絞り込んでみますね。

❶「調整」をクリックします。

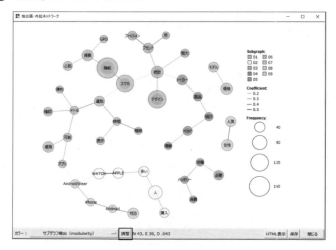

❷「描画する共起関係」を上位60から20に変更し、「最小スパニング・ツリーを強調表示」にもチェックを付けて「OK」をクリックします。

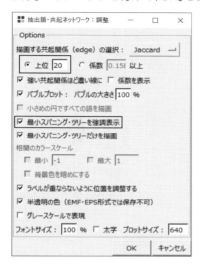

❸ 設定変更後の共起ネットワークが表示されます。

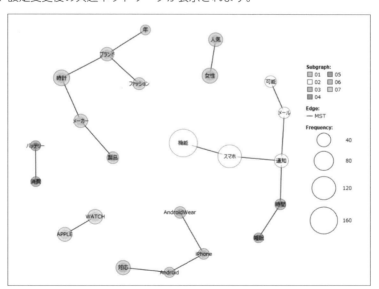

共起関係も強調され、かなり絞り込まれましたね！
さっきの9グループから7グループになって、スマートウォッチの要素となるキーワードが浮き上がってきたような気がします！

これだけで企画書が書けちゃったりして？！

共起ネットワークから読み取った7大テーマ

1. 時計のブランドやメーカー

2. 女性に人気

3. スマホの機能やメール通知

4. 睡眠時間の通知

5. iPhoneやAndroid対応

6. Apple Watch

7. バッテリーの消費

共起ネットワークでは、語と語の繋がりが可視化されて直感的に関連性は分かったけれど、**中身（原文での文脈）のチェック**も忘れずに。

た、確かにそうでした。原文で本意を確認しなきゃでしたね。原文参照は「クイックなんとか」でしたっけ？

KWICコンコーダンス（そろそろ覚えてね……）！
ツールメニューに戻らなくても、共起ネットワークの語の上でクリックすれば、該当の語の原文一覧が表示されるよ。

では、共起ネットワーク内の「スマホ」の上でポチッ！

KWICコンコーダンスの画面が表示され、該当語の前後の文脈を確認することができます。
前後の単語の集計結果を知りたい場合、「集計」をクリックします。

コロケーション統計の画面が表示されます。
「スマホ」の前後5語以内にどのような語が出現しているのかを調べることができます（75ページ参照）。

ふむふむ。スマホとの「連動」や「連携」もスマートウォッチの主要テーマということね！

5.4 似たものを集めてグループ化

　階層的クラスター分析とは、異なる性質のものが混ざり合った集団から、お互いに似た性質のものを集めてクラスター（まとまり）を作る手法です。
　1つの文章は一見ばらばらにも見える多くの語によって構成されていますが、クラスター分析では数量的裏付けに基づいて**類似性の高い語どうしをグループ化**することができます。

❶「ツール」メニューの「抽出語」-「階層的クラスター分析」をクリックします。

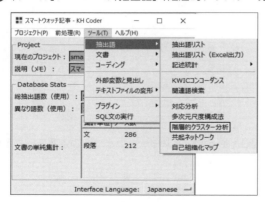

❷ 設定画面が表示されます。

左側の「集計単位と抽出語の選択」の部分はKH Coderで実行できるすべての分析法の設定画面で共通の項目です（90ページ参照）。

クラスター分析は「似たもの集め」の手法で、似ているかどうかの基準は「距離」の大小によって算出されます。設定画面右側の「クラスター分析のオプション」では、距離測定の「方法」および「距離」「クラスター数」などを設定します。

KH Coderでは、分析の「方法」と「距離」をそれぞれ3種類の中から選ぶことができ、その組み合わせによって結果が多少違ってくることもありますが、方法や距離の選択に最適解はありません。まずは初期設定で分析した後、他の設定でも試して違いを確認してください。

❸ 今回、まずは初期設定のまま(方法：Ward法、距離：Jaccard、クラスター数：Auto)で「OK」をクリックします。

❹ 分析結果が表示されました。

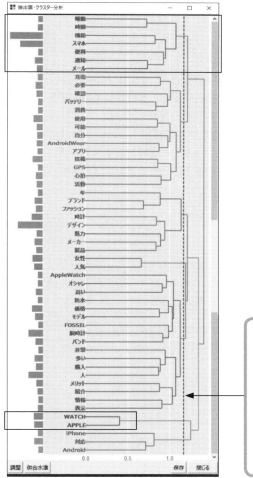

点線の位置によってクラスター（グループ）の数が判定できます。その判定基準（クラスターの分割数）は分析者が自由に変更することができます（108ページ参照）。今回、初期設定で「クラスター数：Auto」としたのでクラスター数が自動決定され、この図では7個のクラスターが生成されています。

設定された算定基準によって数量的に「似ている」と見なされた語と語どうしが結合され、その過程がデンドログラム（樹形図）で表されます。

例えば、「通知」と「メール」が1つのクラスターとして結合し、その後そのクラスターに「便利」が組み込まれ、次に「機能」と「スマホ」のクラスターと結合し……というように、似たものがどんどん結合されてクラスターを生成していきます。

KH Coderのデンドログラムでは、図の左側のほうで結合するほど似ている関係にあるといえるので、最も左側で結合している「WATCH」と「APPLE」は、このスマー

トウォッチの記事の中で最も似ている語だということです。

そりゃ似ているというか同一でしょ（笑）？！

そのとおり。形態素解析の結果として「WATCH」と「APPLE」が別々に抽出されただけ。なので、製品名や機種名などは、あらかじめ原文をデータ整備する段階で対応しておくのが理想的(第6章参照)。AppleとWatchの文字間のスペースを詰めてオリジナル簡易辞書に登録するという対処法もあるね（その場合も原文の整形は必要です）。でも、最初からすべてのデータを完璧に整備するのは難しいので、今回のように分析のアウトプットから気付いた時点で必要に応じて対応していけばいいよ。

7個のクラスターができたということは、似たものどうしのグループが7つできたということですよね？

そういうこと。では、それぞれどういうグループだといえそうかな？
デンドログラムの特定の語をクリックすると、その語が含まれる原文が確認できるので、それらも参照しながら考えてみて。

はい！　クウィックコンコーダンスですね(覚えましたよ)！
アプリのことが気になるので、デンドログラムの「アプリ」の文字をクリックして原文を見てみますね。

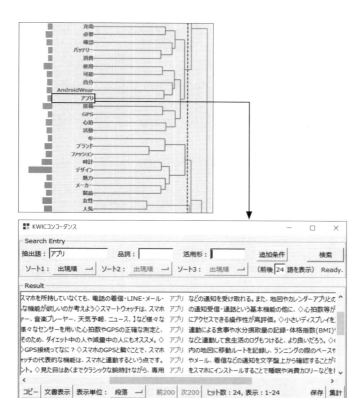

う〜んとですね、原文も参考にしながらざっくり考えますと

① スマホ連携など、スマートウォッチの通知系機能
② 搭載されているアプリやバッテリー問題
③ 時計としてのデザインの魅力
④ 女性に人気のスマートウォッチ
⑤ 腕時計としての費用対効果
⑥ Apple Watchについて
⑦ iPhoneやAndroidへの対応
というところでしょうか。
でも、101ページのデンドログラムを見る限り、もう少しグループを分けてもいいような気もするんですよね。例えば、上から2番目のグループでいう

と、「充電」から「消費」までのグループと、それ以外のグループに分けられそうだし。

おっ！　勘が冴えてきたね！　そういう場合は、クラスター数を変更すればいい。
デンドログラムの左下の「調整」をクリックすれば、クラスター数を自分で設定しなおすことができるよ。

クラスター数を決定する基準みたいなものがあればいいなぁ……。

絶対的な基準はなくて、分析者が目的に応じて自由に決めていいものなんだ。とはいえ、何らかの指標があったほうが助かるというもの。なので、クラスターを併合（結合）していく各段階での併合水準（非類似度）を参考にしてクラスター数を決定するといいよ。

う〜む、なんだか小難しくなってきたような気もしますが……、とりあえず、やり方を教えてください。

❶ デンドログラムの左下の「併合水準」をクリックします。

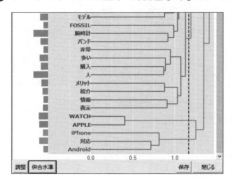

この図は、横軸はクラスターを併合していく過程の各段階、縦軸は各段階におけるクラスターの非類似度を表している。

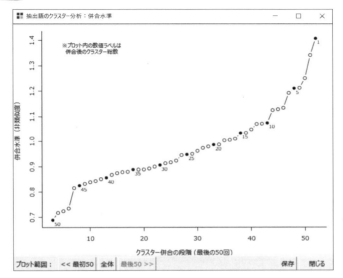

 ？？？　ヨクワカリマセン……。

では、説明しやすいように、まずは全体を表示してみるね。
初期値の図では、クラスター併合過程の「最後の50回」だけが表示されているので。

❷「全体」をクリックします。

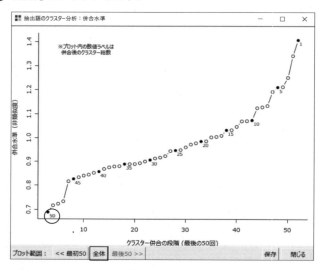

1つの文章を構成している各々の語からクラスターが併合されていく過程全体が表示されます。

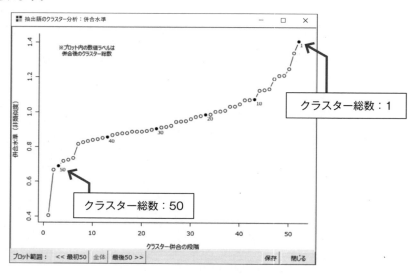

縦軸は「非類似度」すなわち「似ていないレベル」なので、下にいけばいくほど「似ている」、上にいけばいくほど「似ていない」ということになる。ここまでOK？！

は、はい。下のほうは「似たものどうしが集まっているクラスター」で、上のほうは「似ていないものが集まっているクラスター」という理解で大丈夫でしょうか？

まぁ、そういうこと。各プロットはクラスターの総数なので、一番右上のプロット「1」は、テキストデータの抽出語すべてが1つのグループ（クラスター）となる場合を表しており、すなわち「最も似ていないグループ」ということになる。

膨大な抽出語を全部まとめて1つに集合させただけじゃ、そりゃ全く似ていないですよね。だからといって、クラスターの数をむやみに増やせばいいという問題でもなさそうですよね？？

もちろん。なので、類似度と実用性のバランスがちょうどよい地点を探っていこう。
まず、KH Coderの自動設定でクラスター数が決定され、今回は7つに分類された。その分析結果を見て、クラスターの数をもう少し増やしたほうが、テーマの分類がより明確になりそうだと考えたんだよね？

そうです。101ページのデンドログラムを見て、なんとなく直感的にそう思ったんです……。

その感覚が大事。分析結果の**アウトプットを眺めて、まずは感じること。**
クラスター数の基準として見るべきポイントは、なだらかな右肩上がりで続いていたプロットの軌跡の角度が上がる地点。「非類似度が急に上がる」＝「似ていないグループになる」ということなので、その手前のクラスター数が適している、という判断基準を採用してみよう。

なるほど〜。では、初期設定の「7」より数が多くて、角度が急に変わっている地点は「10」ですね！

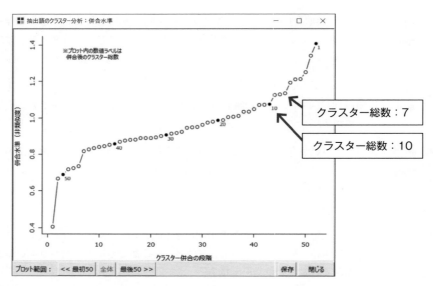

❸「併合水準」の画面を閉じてデンドログラムに戻り、左下の「調整」をクリックします。

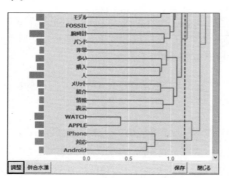

❹「クラスター数」を「10」に変更し、「OK」をクリックします。

クラスター数が10に変更されたデンドログラムが表示されます。

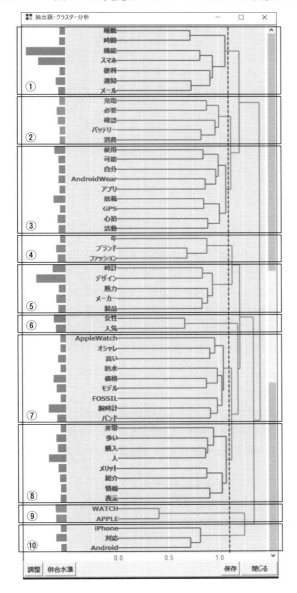

おお！　さっきよりグループの数は増えましたが、各グループの主要テーマは絞り込まれて分かりやすくなりました！
① スマホ連携、機能面
② 充電・バッテリー問題
③ 搭載アプリ
④ ブランド、ファッション
⑤ デザイン性
⑥ 女性に人気
⑦ 腕時計としての費用対効果
⑧ 購入のメリット
⑨ Apple Watch
⑩ iPhone・Android対応
という感じでしょうか。

そうだね。クラスター数は多すぎず少なすぎず、内容とのバランスが大事ってことだね。
クラスター数の決定に明確な決まりはないので、結果の解釈がしやすいよう試行錯誤しながら、分析を進める過程も楽しめるといいね。

なるほど。データ分析の楽しさって試行錯誤することにあるのですね……。

> なんだか深いなデータ分析。

Case1で1つのテキスト形式ファイルのデータをテキストマイニングで分析した結果、
・膨大な文章量ゆえに自力での要約が難しい場合でも、最小限の労力で要点を知ることができた
・本格的な分析の前段階として、データ全体を確認できた
・テキストマイニングの導入編として、文章の基本的な分析ができた！

Case 2 同時に複数の文書の特徴を比較し、関係性を調べる！
複数のテキストファイルをまとめて分析する場合

これまでの分析から、1つのWeb記事に書かれているスマートウォッチについて概要を把握できましたが、複数の記事（テキストデータ）を分析したい場合はどうすればいいですか？ スマートウォッチの特集記事がたくさんあったので、いろんな記事を参考にして、より説得力のある企画を生み出したいなと……。

おっ！ さらなる分析に興味が湧いてきたってことだね？！ よしよし、いい傾向だ。
そういう場合は、複数のテキストファイルを作って比較すればいい。KH Coderの「**テキストファイルの結合**」という機能を使えば、複数のテキストファイルを自動的に1つのファイルとして結合できるんだ。

それは便利ですね！

今までは1つのファイルだけを分析対象としていたが、複数ファイルを結合することによって分析の視点が増えるので、データの比較ができるよ。

ちょうど分析してみたい男性誌のWebマガジン（スマートウォッチの特集記事）が5つあるので、それぞれの記事の特徴を比較してみたいです！

複数の文書を比較する流れ

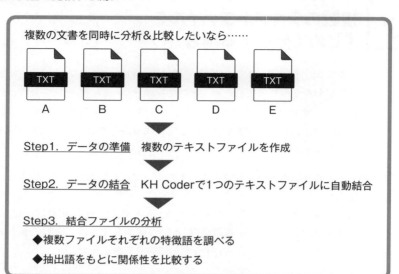

■ Step1. データの準備

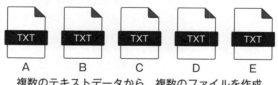

複数のテキストデータから、複数のファイルを作成

各々のファイルに名前を付けて保存

フォルダを作成し、複数ファイルを1つのフォルダへ

男性誌A〜EのWebマガジンのテキストデータに、それぞれ「mens_A」〜「mens_E」と名前を付けてテキストファイルを保存。それらを「mens」フォルダに格納して、結合前の複数データの準備完了！

■ Step2．データの結合

❶ すでに「プロジェクト」が立ち上がっている場合、現在の「プロジェクト」を閉じておきます。
「プロジェクト」-「閉じる」をクリックします。

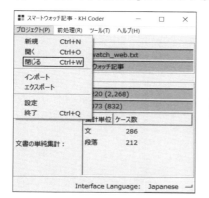

❷ 複数のファイルをKH Coderを使って1つのテキストファイルへと自動結合します。
「ツール」メニューの「プラグイン」-「データ準備」-「テキストファイルの結合」をクリックします。

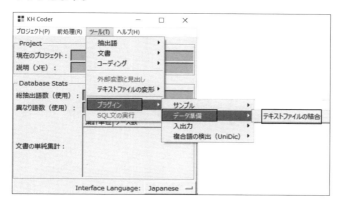

❸ 複数ファイルが入っているフォルダを指定します。
「参照」をクリックします。

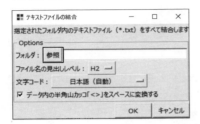

❹ 該当のフォルダを選択し、「OK」をクリックします。

※選択したフォルダ内に入っているすべてのテキストファイルが結合の対象となります。

❺ 必要に応じて「ファイル名の見出しレベル」を変更し(初期設定「H2」のままで構いません)、「OK」をクリックします(見出しレベルの活用については193ページ参照)。

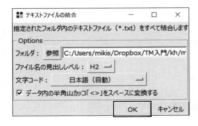

❻ 結合されたファイルに名前を付けて保存します。
保存先を選択してファイル名を入力し、「保存」をクリックします。

5つのテキストファイルが自動結合されて1つのテキストファイルとなり、保存されました。

ファイルの内容を確認します。
❼ 該当のファイルを開きます。

複数データが結合され、それぞれの区切りの先頭（境界）部分には、元の各ファイル名に基づいた「見出し」が挿入されています。

※「ファイル名の見出しレベル」を「H2」とした場合、<h2>file:元のファイル名</h2>という「見出し」が自動的に付けられています。

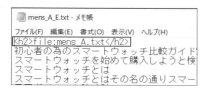

「見出し」が加わったおかげで、複数のファイルを1つのテキストファイルに結合した後も、KH Coder上でそれぞれを認識できるというわけです。

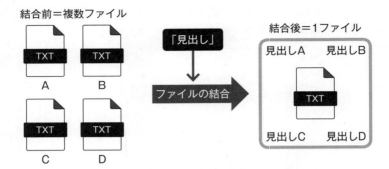

■ Step3. 結合ファイルの分析

　結合ファイルを作成したことによって、それぞれの元ファイルを表す「見出し」（＝新たな集計単位）が加わりました。その「見出し」を使うことによって、各々の特徴を比較することもできますし、これまでの1ファイルの分析と同様、1つの結合ファイルとして全体的な要約や分析を行うこともできます。

　ここでは、「見出し」が加わったことによって使用できる以下の分析機能をご紹介します。

　　　　　・複数ファイルそれぞれの特徴語を知る
　　　　　・抽出語をもとに関係性を分析する（対応分析）

複数ファイルそれぞれの特徴語を知る

 男性誌A 〜 Eの記事の内容を比較したいので、まずは各々のデータを特徴付ける語を調べてみよう。

 はい！　同じテーマの記事でも、雑誌の種類によって書かれている内容が結構違うものなので、スマートウォッチのさまざまな要素が見えてくるかもしれませんね！

第5章　KH Coderで伝える！　分析アウトプット5選　**117**

❶ 新規プロジェクトを作成します。

「プロジェクト」-「新規」をクリックします。

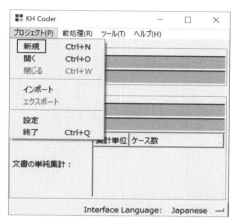

❷ 「参照」をクリックし、結合ファイルを選択します。

必要に応じて「説明（メモ）」を入力し、「OK」をクリックします。

❸「分析対象ファイルのチェック」をし、その後「前処理の実行」を行います。

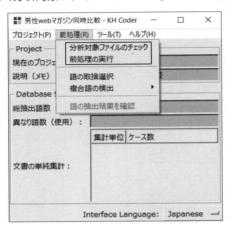

❹ 前処理を実行すると、「Database Stats」に集計結果が表示されます。

結合ファイルの作成により、「H2」という集計単位（＝見出し）が新たに加わっています。

❺ それぞれの元ファイル別に（「見出し」を集計単位として）特徴語を調べます。
「ツール」メニューの「外部変数と見出し」をクリックします。

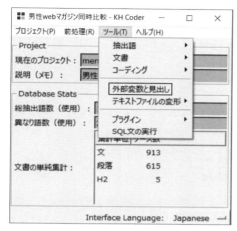

❻ 「外部変数と見出し」の画面が表示されます。

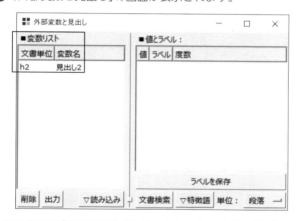

　画面左側の「変数リスト」には、テキストの内容に基づいた文書単位と変数名が表示されます（文書単位については193ページ参照）。

❼ 変数リストの「見出し2」をクリックすると、右側の「値とラベル」に結合ファイルの内訳が表示されます。

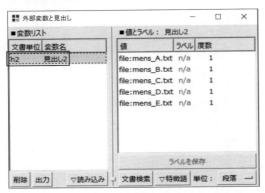

❽ 元ファイルの原文を確認したい場合は、「値とラベル」の該当のファイル名の部分を選択し、「文書検索」をクリックすると、元ファイルのデータが参照できます。

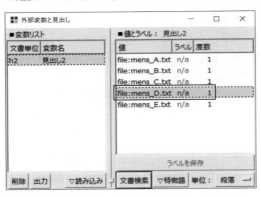

第 5 章　KH Coder で伝える！　分析アウトプット 5 選

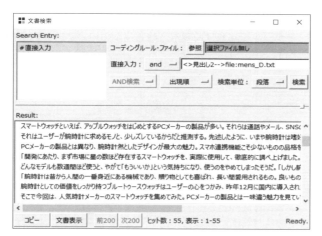

❾ 元ファイル各々の特徴語を確認したい場合は、該当のラベルを選択したうえで、「▽特徴語」-「選択した値」をクリックします。

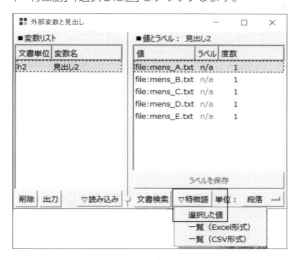

❿ 選択した元ファイルを特徴付ける語のリスト（初期設定では上位75）が表示されます（「フィルタ設定」をクリックすれば、表示させる品詞の絞り込みや表示する語の数の変更が可能です）。

⓫ 「共起ネット」で元ファイルの共起ネットワークを確認することもできます。

これは男性誌Aの記事の共起ネットワークということですね！

他の4つの記事の共起ネットの図とリストを作って並べれば、簡単な比較レポートがすぐに書けちゃうかも？！

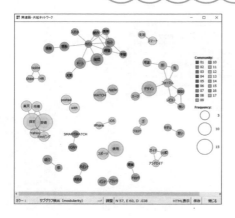

第 5 章　KH Coder で伝える！　分析アウトプット 5 選　**123**

⓬ それぞれの元ファイルを代表する特徴語をまとめて確認したい場合は、特徴語の一覧をExcelに出力します。

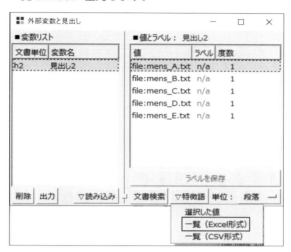

「▽特徴語」をクリックし、「一覧（Excel形式）」を選択します。

⓭ 結合ファイルに含まれている元ファイルそれぞれの特徴語トップ10が一覧表示されます。

※こちらの表は「関連語検索」の設定内容（122ページ手順10参照）が反映されていますので、初期設定ではJaccard係数によって算出された特徴語が表示されています。表示内容を変更したい場合は「関連語検索」の画面で設定します。

元のテキストデータの特徴語が同時に比較できるとは便利ですね！
こうして特徴語が客観的に数値化されると、それぞれのWebマガジンがスマートウォッチのどういう点を重視して伝えているかが明らかになりますね！

Excelでグラフを作って比較してみます。

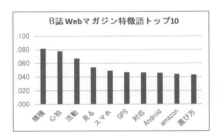

B誌のほうはスマートウォッチの機種による機能の違いや選び方について書かれていて、C誌は主にクチコミ評価を引用した記事のようですね。

5.5 関係性を多次元空間にマッピング?!

ファイルを結合することによって「分析の視点」（＝見出し）が新たに加わったので、それらを切り口にして対応分析を行えば、**複数ファイル間の関係性や抽出語の関係性を直感的に把握**できる。

今回、A誌～E誌のスマートウォッチ特集の記事を結合したので、5つの記事間の関係と抽出語間の関係が同時に分かるってことですね？

そう。例えば、どの記事とどの記事の抽出語の出現パターンに似た傾向がありそうか、他と比べて特徴の大きい記事はどの記事か、あるいは、いずれの記事にも一般的に使われている抽出語と、特定の記事に特徴的に使われている抽出語は何か、といった情報を散布図上のバブルプロットでひと目で確認できるんだよ。

バブルプロット？？

データの点を円（バブル）で表現したもので、バブルチャートと呼ばれることもある。
通常の散布図がX軸とY軸の二次元で「ある2つの指標の関係性」を表現するものだとすると、バブルプロットはそれに加えてバブルの大きさによって量的な要素も表される。

なるほど。対応分析＋バブルプロットで、該当する抽出語のボリュームも直感的に把握できるというわけですね！

❶「ツール」メニューの「抽出語」-「対応分析」をクリックします。

❷ 設定画面が表示されます。

※左側の「抽出語の選択」の部分はKH Coderで実行できるすべての分析法で共通の設定項目となっています（90ページ参照）。

❸ 設定画面右側の「対応分析のオプション」で設定を行います。

結合前の各々の元ファイルを分析の切り口として集計を行う場合、「分析に使用するデータ表の種類」の集計単位を「H2」とし、「見出しまたは文書番号を同時布置」にチェックを付けます。

❹ 「バブルプロット」にチェックを付けると、その下のチェックボックス2つにも自動的にチェックが付きますので、そのまま「OK」をクリックします。

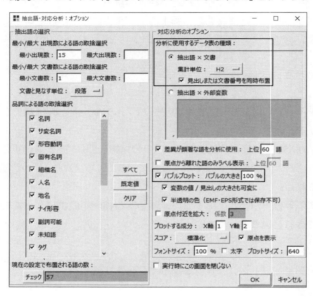

❺ 対応分析の分析結果が表示されました。

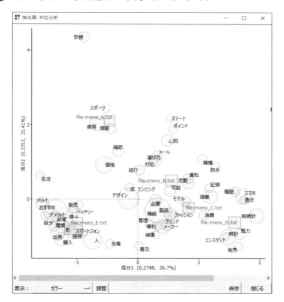

おお！　これがバブルプロットですね！

分析結果の見方として、まず、**原点（縦軸と横軸それぞれの「0」が交わる点）からの距離が離れれば離れるほど特徴が強い**（偏りが大きい）すなわち特徴的な語ということができ、**原点付近にプロットされている要素は特徴が比較的弱い**（偏りが小さい）つまり一般的な語だといえる。
そして、**関連の強いものどうしは近くに、関連の弱いものは遠くにプロット**されるんだ。

ということは、例えば、原点付近にある「デザイン」はいずれの記事にも出てくる一般的な語で、原点から離れている「安値」は特徴の強い語ということですね。

そうだね。さっき複数ファイルそれぞれの特徴語を調べたときも、記事Aの特徴語ナンバーワンは「安値」だったしね。
そして、原点からの角度（向き）が近いほど項目間の関連性が強いともいえる。

では、記事A〜Eの関係を見ると、5つの記事のうち、記事CとDは原点からの角度も近いしお互いの距離も近いので、使われている語の傾向が似ているということですね。一方、記事AやEは原点から離れた位置にあるし角度の違いも大きいので、特徴の強い内容だということでしょうか。「安値」は記事Aと原点からの角度がほぼ同じなので、記事Aにだけ使われている語だといえそうですね。

そうだね。こうしてグラフ上で比較すると、5つの記事の関係性や類似性が直感的に把握できるね。
理想を言えば、このグラフの縦軸と横軸に意味付けができるといいのだけれど、どうかな？

うむむむ……、軸の意味ですか。。

例えば、下の例のように明確に設定するのは難しいとしても、ある程度の意味付けができれば、各記事がスマートウォッチのどういう側面にフォーカスして書かれているか、より具体的に関係性が表現できるかと。

軸の意味付けの例

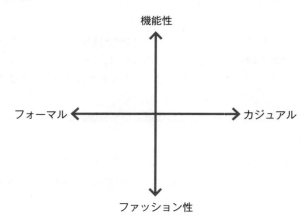

ブランドイメージのポジショニングマップなどで見かける軸ですね！

今回のデータではそれほどはっきりとした軸は見出せなかったですが、全体をざっくりと捉えるとこのような分類ができそうだなと思いました。

対応分析の結果から考察した軸の意味

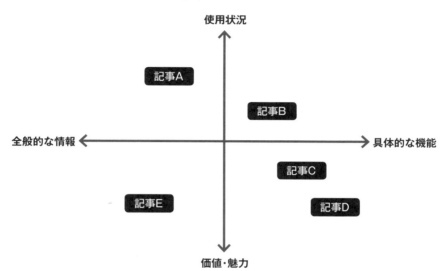

なるほど。記事C、Dはスマートウォッチの価値や魅力を伝えるべく具体的な機能を紹介している記事で、記事Aではスポーツ時などのスマートウォッチの使用状況について書かれていて、記事Eにはスマートウォッチ購入のメリットやデメリットなどの全般的な情報が掲載されている、ということだね。

このように、縦軸と横軸の意味付けは分類の客観的指標となるし、分析の目的に近づくために深堀りするべき具体的な要素が見えてくるかもしれない。なので、軸の解釈を一度じっくりと考えてみることは面倒がらずにしてほしいな。

は、はい……。対応分析に限らず、KH Coderで分析結果のアウトプットを出力するだけで満足しちゃいそうですが、**自分なりに解釈することが大切**ということですね。

そう。今回のように、すべてが定性情報のデータに基づいて分類の軸を設定しようとすると分析者の主観が多少入ってしまうのは仕方ないこと。KWICコンコーダンスで原文を参照して内容の理解を深めつつ、分析者として思い切ってデータを解釈してほしい

あ！　そういえば、ぽつんと離れてプロットされている「安値」の原文をチェックしたいと思っていたところでした。

他の分析結果と同様、対応分析でもアウトプットの図から原文をチェックできるよ。気になる語があればすぐに原文参照！

そうでしたね！　KWICコンコーダンスで確認確認！

❶「安値」の文字の上でクリックします。

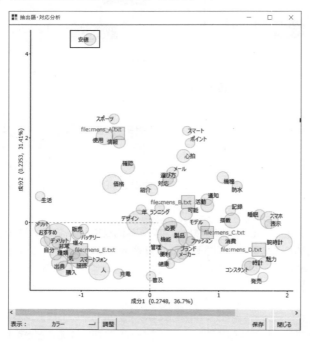

❷ KWICコンコーダンスの画面が表示されました。

こ、こりゃ確かに、他の語から突出して特徴的な使われ方をしている語だといえますね。。

記事Aは、広告（アフィリエイト）が多く含まれているということだね。まぁ、そういう特徴が分かってよかったけれど、今回の分析の目的を考えると、これらの文章は必要かな？

いりませんね（きっぱり）。ネットでスマートウォッチの最安値を探して購入するユーザ層がありそうだという知見が得られただけで十分です。

では、必要のない部分はまとめてデータのクレンジングをしていたほうがいいね（第6章参照）。もしくは、簡易的なやり方ではあるけれど、あらかじめ分析から除外したい語をKH Coder上で設定して分析の対象から外すという方法もある（86ページ参照）。

はーい、KWICで確認したら「安値」の前後の文言も分析から外したほうがよさそうなので、広告の文章はばっさりとクレンジングしておきまーす！

■原点付近にデータが集中して読み取りにくい場合の対処方法

対応分析のアウトプットで、原点から極端に遠く離れた語が点在する場合などに原点付近にプロットが集中してデータの読み取りが難しくなってしまうことがあります。そうした場合、「原点付近を拡大」して表示する方法や、原点から極端に離れた語を「分析に使用しない語」として指定する方法で対処できます。

「原点付近を拡大」して表示する方法

❶ 対応分析の図の下側にある「調整」をクリックします。

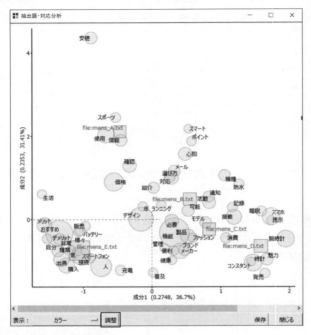

❷ 調整の設定画面が表示されます。

「原点付近を拡大」にチェックを付け、どの程度拡大するかに応じて係数を指定します（まずは規定値の係数「3」で試してみてください）。

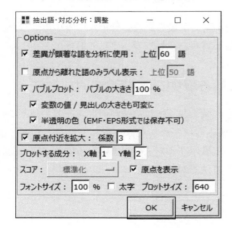

❸ 原点付近に集まっていたプロットが分散されることにより、データ間の関係性や分類が把握しやすくなります。

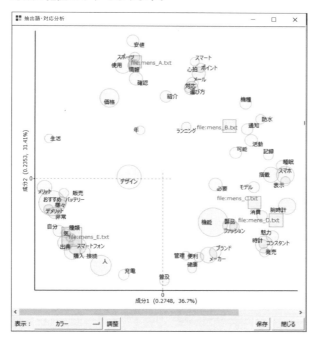

「分析に使用しない語」を指定する方法

❶ 「前処理」メニューの「語の取捨選択」をクリックします。

❷「分析に使用する語の取捨選択」の画面が表示されます。

❸ 右側の「使用しない語の指定」の欄に、該当の語を入力します(すでに他の語が設定されている場合は改行し、1行につき1語を入力します)。

「使用しない語の指定」のみを行った場合、「OK」をクリックするとその後の分析結果に反映されます。

※「強制抽出する語の指定」に追記した場合は、その後「前処理」を行う必要があります。

原点から極端に遠く離れていた「安値」が分析の対象から除外され、記事A～Eと抽出語の関係性がより見やすくなりました。

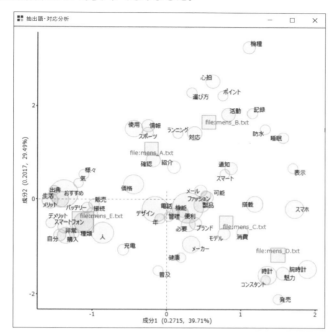

うわぁ。簡易的な方法で「安値」を分析から外しただけでもプロットが程よく散らばって、各々の記事がフォーカスしているテーマが分かりやすくなりましたね！

数値データの場合、平均値から極端に離れた値のことを「外れ値」というのだけれど、そういう値があると他のデータが引っ張られて、しかるべき結果が得られないことがある。
テキストデータでも同様のことがいえるので、分析の精度を高めるためにも、KWICコンコーダンス等でデータの中身をこまめにチェックして、データの品質を高める作業（＝データクレンジング）で地道にデータの整形をすることをおすすめするよ。

データクレンジング？！　詳しく教えてください！

では、続く第6章で。

Case2で複数のテキスト形式ファイルを使ってテキストマイニングで分析した結果、
・複数の文書や記事を1つにまとめつつ、各々の特徴や関係性を知ることができた
・複数のファイルを比較することにより、分析の目的に合うもの(どの記事の内容をさらに詳しく分析すればよいか)を見つけ出し、情報の取捨選択をすることができた
・データの全体像を要約して視覚化し、直感的に理解することができた

第6章

分析の精度を高める！
データクレンジング

6.1 データをキレイにしよう

6.2 正規表現を使って効率的に

6.3 表記が揺れている?!

6.1 データをキレイにしよう

先輩〜、部長がよく「ゴミが含まれているデータを分析してもゴミのような結果しか出ない！」って言っているのを聞くんですが、それってひどくないですか？！　せっかく一生懸命データ分析した人に向かって、ゴミだなんて失礼極まりない話ですよね！！

いや。部長の言うこと、ごもっともだと思うよ。品質が悪いデータ（＝信頼性の低いデータ）を分析しても意味がないからね。**目的や用途に合わせて、秩序立ててデータを整備しておく**ことは分析の基本中の基本だ。
特に、今回のようなテキストデータ、その中でも特にアンケートやSNSなどのデータの場合は、誤字があったり書式が統一されていなかったり、「表記揺れ」があったりするのでね。分析の精度を高めるためにはデータのクレンジング（クリーニング）をする必要があるんだよ。

た、確かに……。で、「表記揺れ」って何でしょうか？

1つの言葉に対して複数の書き方や呼び方があって表記にばらつきが生じること。例えば、「サーバー」と「サーバ」、「猫」と「ねこ」と「ネコ」、「お問い合わせ」と「お問合せ」のように、表記体系や送り仮名が異なったり、「デジタルカメラ」→「デジカメ」のように省略したりね。

そういえば、これまで分析してきたスマートウォッチの記事のデータでも、例えば「スマートフォン」と「スマホ」のように、正式名称と通称が入り混じっているものがあったり、「Apple」と「アップル」のように、製品名やメーカー名の表記にばらつきがあったりしました。そのときは、データの概要をざっくりと把握するのが目的だったので、そのまま分析を進めましたが……。

そう。分析の目的や元々のデータの状態にもよるので一概には言えないけれど、まずは元データをそのまま使って予備的に分析の第一歩を踏み出してから、そのアウトプットの結果に応じて必要なクレンジングを実施していくのが現実的かつ効率的な流れだね。

新聞や雑誌などの記事データの場合は校閲が入っていることもあって、そのままのデータでも十分キレイだったりしますものね。でも、さっきTwitterでスマートウォッチに関するつぶやきを分析するためにデータを集めてみたら、明らかに宣伝っぽい文言や独特のネット用語などが大量に含まれていて……、そのままの状態で分析しても意味が無いなと思いました(泣)。

そう。クチコミのデータをテキストマイニングで分析してマーケティングに活かそうとしても、雑多なテキストが入り混じっていては分析結果に信頼性は得られない。なので、データのクレンジングや整形が重要なんだよ。

では、具体的にどうすればよいでしょうか？

クレンジング実施の手順としては、まずはデータの中から**重複や誤記などの明らかに不要なものや分析の目的に合わないものを除去**し、それから必要に応じて**表記揺れを統一**すればいいのだけれど、その前に**クレンジングの方針や基準を設定する**という作業も実は大切なんだ。

早くクレンジングに取り掛かりたいのにな……。

まぁ気持ちは分かるが、急がば回れだ。もし、今後もテキストマイニングをする予定があるのなら、表記揺れの基本的な統一ルールを決めて社内のガイドラインを作っておけば業務の効率化にも繋がるわけだし。
といっても、データの整形に明確な正解があるわけではなく、扱うデータや分析の目的に合わせて分析者が設定すればよいのだけれど。例えば、

データクレンジングの対象となる表記の例

① 固有名詞の表記（会社名や商品名、正式名と略称の違いなど）
② 漢字やカタカナ表記、送り仮名の使い方
③ 全角文字と半角文字の違い（英字、カナ、数字、スペース）
④ 記述記号の扱い方（¥、#、%など）

①「スマートフォン」とするか、「スマホ」とするか
②「お洒落」なのか、「おしゃれ」なのか、「オシャレ」なのか
③Twitter界隈などで、わざわざ半角カタカナで「ｶﾜｲｲ」と書く人ｲﾏｽﾖﾈ……
ということでしょうか？

そうだね。基本的な記述に対する基準をあらかじめ体系的に設定しておいて、必要に応じてその都度ルールを付け足していけばいいんじゃないかな。特に、KH Coderでは半角文字が基本的に分析対象外となるので（62ページ参照）、③と④に関しては注意しつつ表記の統一を行ってほしい。

はい！　まずはデータを眺めて、**これから分析しようとするデータにどのような特徴があるのか、どうすれば分析の目的に適したデータになりそうか**をイメージしながら、クレンジングの方針を立ててみようと思います！

そうだね。なにも数千件のビッグデータを1つひとつ見る必要はないけれど、最初の100くらいはざっと見ておいてほしいところだね。
何かしらの傾向が掴めたら、データ整形の方針や作業の優先順位も立てやすくなるからね。

正規表現を使って効率的に

Twitterで「スマートウォッチ」を含むツイートを検索したら1日で約500件がヒットしました。その半分くらいのデータを眺めてみたら、おおよその特徴や傾向が掴めてきたような……？

・純粋な呟きではないもの（アフィリエイトや広告）が多い
・URLやハッシュタグを含むものがある
・表記揺れが多い
・独特な言い回しや表現が使われているものがある

このような特徴が見えてきました

よしよし。分析の前に、**自分の目でデータを見て感じることも大切**だね。
では早速、これらの特徴を踏まえて、データ分析に適した形へと整えていこう！

とにかく宣伝文句や広告のツイートが多くて邪魔なので、キレイさっぱり削除したいところですが、なにぶんデータ件数が全部で1000件近くあるので気が遠くなりそうです……。

もちろん効率重視でやっていこう。
ある調査によると、「**データ分析者は80％以上の時間をデータの準備に費やしている**」という報告がなされているけれど、**本来の目的はデータの分析の「その先」にある**わけだから。

ですよね。早く分析を終わらせて、じっくりと企画書を練りたいですもの。

テキストエディタの**検索＆置換**や**正規表現**の機能を駆使すれば、クレンジングの作業時間は大幅にカットできるよ。

正規表現って何ですか？？　検索や置換はExcelにもある機能なので知っていますが……。

簡単にいうと、**特定の文字列の特徴をパターン化して記号で表現したもの**。
通常の文字（a〜z）と数字、メタ文字（メタキャラクタ）と呼ばれる記号を組み合わせることで、例えば「aから始まってkで終わる3桁の文字列」とか「4桁以上の数字」といった指定をすることができるんだ。これを使えば、大量のテキストデータの中から見つけたい文字列を素早く検索＆置換できるってわけ。

そ、そうなんですね。

いまいち理解しきれていませんが……。

例えば、一般的な携帯電話の番号を正規表現で表すと、「(090|080|070)-¥d{4}-¥d{4}」となる。「¥d」は半角数字の0～9を表し、「¥d{4}」は「¥d」が4個続くことを表すメタ文字なんだ。「(090|080|070)」の縦線「|」は、「または」という接続詞に該当するもので……。

なんとなくイメージできました！　それを使えば、携帯電話の番号が「090-1111-2222」であろうと、「080-1234-5678」であろうと、正規表現を使って検索すれば抽出できるということですね！

そういうこと。最初は難しく感じるかもしれないが、基本のメタ文字を覚えて実際に何度か使っていくと、自然と覚えていくよ。
ネットで調べれば早見表などもあるので、どんどん使って作業効率を上げていこう！
該当箇所を検索して、テキスト全体の中でどれくらいのボリュームがあるか把握したり、分析に不要な部分を削除したり、とにかく**単純作業の時間と労力を大幅に省く**ことができるので。

それはいいですね！　クレンジング作業が楽しみになってきました！

注意点としては、**Windowsに標準搭載されている「メモ帳」は正規表現に対応していないので、正規表現に対応している**テキストエディタ**を使うこと。
そして、使用するテキストエディタによっては利用できない正規表現があったり、それぞれのエディタ独自の表現方法があったりするので気を付けること。

はい！　スマートウォッチに対する個人のニーズを探るというのが今回の目的なので、まずは広告や宣伝文句の入った投稿はばっさりと削除して、純粋な呟きだけを残す方向でやってみます！

こんな正規表現を使ってみました。

- URLを削除　　　　　　　　　https://[¥w¥d/%#$&?()~_.=+-]+
- 特定の文言（「タイムセール残りわずか」や「激安特価」など）が含まれている行を削除
　　　　　　　　　　　　　　　.*タイムセール残りわずか.*¥r¥n
- Twitterのアカウント名を削除　　@[0-9a-zA-Z_]{1,15}
- 空白行を削除　　　　　　　　　^[¥r¥n]+
- ハッシュタグが含まれている行を抽出→抽出行の内容を確認し、不要であれば削除
　　　　　　　　　　　　　　　.*#.*¥r¥n
- 日付を削除　　　　　　　　　　¥d{4}[/]¥d{1,2}[/]¥d{1,2}

　　　　　　　　　　　　　　　　　　　　　　　　　　　　etc.

　今回は主に以上のような正規表現を用いてデータを除外しましたが、分析の目的によっては、例えばハッシュタグを含めた分析が望ましい場合も考えられます（実際、SNSマーケティングではハッシュタグ付きの投稿のリサーチも積極的に行われています）。

　データのクレンジングは分析の目的やデータの種類などに応じて千差万別ですので、状況に応じて「分析に適したデータの形」へと整えてください。

検索と置換と正規表現のおかげで、いらない部分をあっという間にカットできました！

> そのかわり、データは半分以下に減ってしまいましたが……。

おっ！　なかなかすっきりしたね！　データが減ったのは仕方のないこと。良質なデータだけが残されたおかげで分析の精度が上がるのだから、むしろ喜ぶべきことだよ。
では、続けて「表記揺れ」もテキストエディタを使って整えていきたいところだけど……。

まだクレンジングは終わっていなかったんですね。

そう。まずはクレンジング第一弾として、分析に不要なデータを取り除いただけ。
次に「表記揺れ」を統一したいところだけれど、初めて扱うデータの場合は具体的にどのような表記揺れがあるのか見当が付かないこともあるので、KH Coderのアウトプットを実際に見てから必要に応じてデータを整えていくと効率的だね。

クレンジングの対象となったTwitterデータの特徴例

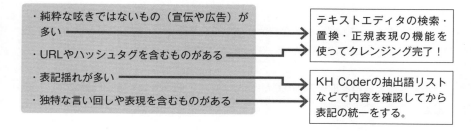

6.3　表記が揺れている？！

　クレンジング第一弾(不要なデータの除去)終了後、KH Coderの新規プロジェクトを作成し、抽出語を確認しておきます(5.1節参照)。

抽出語リストを見てみると……、やはり表記揺れが結構ありそうですね。
「可愛い」と「かわいい」と「カワイイ」、「APPLE」と「Apple」と「アップル」、「面倒

くさい」と「めんどくさい」と「めんどい」等々、あるわあるわ。。まさにめんどい(汗)。

そうなんだよ。アンケートやTwitterなどの個人が書いたテキストは、表記が揃っていないものだと考えておいたほうがいい。

ですよね……。で、表記の統一は、不要なデータを取り除いたときのようにテキストエディタの検索・置換の機能を使って元データを修正していけばいいですか？

テキストエディタを使って元データに手を加える方法でもいいけれど、そうすると原文を書き換えることになってしまう。
なので、元データに手を加えずに表記を統一したい場合は、KH Coderの表記揺れ吸収のプラグイン(機能)を利用するといいよ。

確かに、原文は原文のままで残しておきたいので(それはそれで貴重なデータですし)、KH Coderのプラグインを使って表記揺れを統合してみようと思います！

その前に、あらかじめ**表記のルールやガイドラインを作成しておく**のを忘れずに。

あ、そうでした。

表記のルール作りのコツとしては、抽出語リストなどのアウトプットを参考にしながら、その後の分析に影響のありそうな語から優先的に設定していくのが効率的。
ルールといっても、**複数の表記が存在する語に対して、どの語を「親」として統一するか**を決めるだけの簡単なものでOK！

今回のデータで言うと、例えば「スマートフォン」と「スマホ」、どちらに統一するかということですね。

そう。正式な表記に統合するのか、最もよく使われている表記に合わせるのか、その後の分析で見やすい(分かりやすい)表記を使うのか、何らかの基準を設定していけばいいよ。

はい！ では今回は、社名や商品名・機種名は正式名称を、それ以外は抽出語リストの出現頻度が高い表記に統一するという方針で進めていこうと思います！

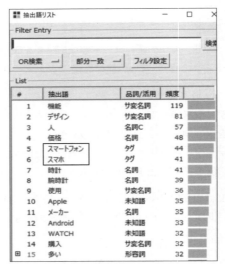

「スマートフォン」のほうが出現頻度が高いので、マイルールの適用により「スマホ」を「スマートフォン」に変換！

■ KH Coderのプラグインで表記の揺れを吸収する

表記揺れを統合するためのプラグインを以下のURLからダウンロードします。

お手数をおかけしますが、URLの手入力をお願いします。

http://bit.ly/2ExrfxR

上記にアクセスすると、自動的に圧縮ファイル（ファイル名「z1_edit_words3.zip」）がダウンロードされますので、解凍ソフトで展開し、「C:¥khcoder3」フォルダの中の「plugin_jp」フォルダにコピーします。

※記載URLでダウンロードできない場合は、下記URLのKH Coderのオンライン掲示板よりダウンロードをお願いします。
http://koichi.nihon.to/cgi-bin/bbs_khn/khcf.cgi?no=1010&mode=allread
当該ページの上から3番目の書き込み、スレッド[No.2934]の本文中に記載されているファイルをダウンロード・解凍してお使いください。

❶ ダウンロードされた圧縮ファイル(z1_edit_words3.zip)を解凍ソフトなどで展開します。

❷ 解凍されたファイル「z1_edit_words3.pm」の上で右クリックし、「コピー」を選択します。

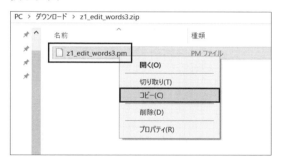

❸ KH Coderのシステムが保存されているフォルダ(インストールの際、デフォルトの設定で保存した場合はC:¥khcoder3)を開き、

❹ さらに「plugin_jp」フォルダを開きます。

「plugin_en」と間違えないよう要注意！

❺ コピーしたファイル（z1_edit_words3.pm）を貼り付けます。

ファイル「z1_edit_words3.pm」が「plugin_jp」フォルダにコピーされました。

PC > ローカル ディスク (C:) > khcoder3 > plugin_jp

名前	更新日時	種類
auto_run.pm	2018/05/04 19:28	PM ファイル
mds.r	2018/05/04 19:02	R ファイル
p1_sample1_hello_world_scr.pm	2018/05/04 19:28	PM ファイル
p1_sample2_hello_world_file.pm	2018/05/04 19:28	PM ファイル
p1_sample3_exec_r.pm	2018/05/04 19:28	PM ファイル
p1_sample3_exec_sql.pm	2018/05/04 19:28	PM ファイル
p1_sample4_minimum.pm	2018/05/04 19:28	PM ファイル
p1_sample5_mds.pm	2018/05/04 19:28	PM ファイル
p2_d_concat_txt.pm	2018/05/04 19:28	PM ファイル
p2_io1_wm_input.pm	2018/05/04 19:28	PM ファイル
p2_io2_wm_output.pm	2018/05/04 19:28	PM ファイル
p2_io3_morpho.pm	2018/05/04 19:28	PM ファイル
p3_unidic_hukugo0_te.pm	2018/05/04 19:28	PM ファイル
z1_edit_words3.pm	2018/10/25 12:29	PM ファイル

以上で、KH Coderのシステムに表記揺れ吸収のプラグインが組み込まれたことになります。

続いて、表記揺れの統一ルールを設定していきます。

❻ コピーしたファイル(z1_edit_words3.pm)をテキストエディタで開き、下のほうへ少しスクロールします。

```
z1_edit_words3.pm
 1 package z1_edit_words3;          # ←この行はファイル名にあわせて変更。
 2 use strict;                      # ※ファイルの文字コードはUTF-8にする。
 3 use utf8;
 4
 5 #------------------------------#
 6 #    このプラグインの設定      #
 7
 8 sub plugin_config{
 9     return {
10
11        name     => "表記揺れの吸収",              # メニューに表示される名前
12        menu_cnf => 2,                            # メニューの設定(1)
13        # 0: いつでも実行可能。
14        # 1: プロジェクトが開かれてさえいれば実行可能。
15        # 2: プロジェクトの前処理が終わっていれば実行可能。
16        menu_grp =>                               # メニューの設定(2)
17        # メニューをグループ化したい場合にこの設定を行う。
18        # 必要ない場合は「''」または「undef,」としておけば良い。
19     };
20 }
21
22 #------------------------------------#
23 #    メニュー選択時に実行されるルーチン  #
24
25 sub exec{
26     my $self = shift;
27     my $mw = $::main_gui->{win_obj};
28
29     my $config = {
30        "友達" => {
31        [
32            "友人",
33            "旧友",
34            "親友",
35            "盟友",
36            "友",
37        ],
38        "常に関連する語" =>
```

150 | 第1部 | テキストマイニング　基礎編

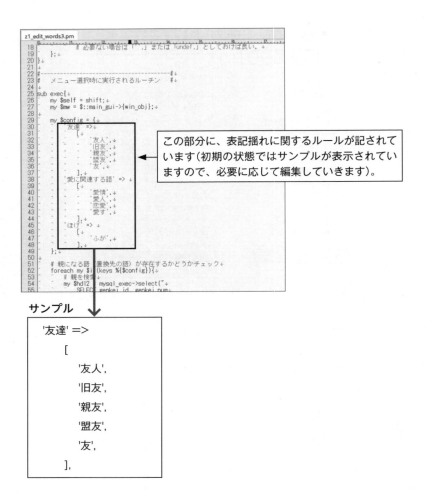

サンプル

```
'友達' =>
    [
        '友人',
        '旧友',
        '親友',
        '盟友',
        '友',
    ],
```

この場合、「友達」が表記統一の親になるということですね。

　サンプルとして記述されているコマンドの場合、抽出語の中に、「友人」「旧友」「親友」「盟友」「友」という語があれば、すべて「友達」として統一され、「愛情」「愛人」「恋愛」「愛す」は「愛に関する語」に、「ふが」は「ほげ」として置き換えられることになります。

❼ 表記統合ルールを記述します。

1つのファイル（z1_edit_words3.pm）に複数の表記統合ルールをまとめて記述していきます。

表記統合ルールの記述は以下のような構成で1セットとなっていますので、ルールが複数ある場合は、その下に続けて記載してください（記号の入力ミスを防ぐために、まずは既存の1セット分を下にコピーしてから、下の図の枠内の語句を書き換える方法をおすすめします）。

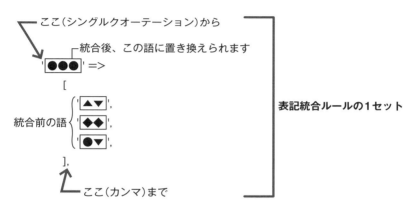

 しっかり確認しながらコマンド入力！

「スマホ」を「スマートフォン」に統合

「オススメ」と「お勧め」を「おすすめ」に統合

❽ 該当箇所の編集が完了したら、**ファイル名はそのままで「上書き保存」**します。

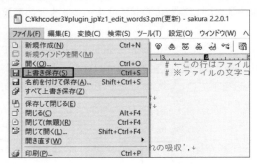

以上で、表記揺れ統一のルールとなるファイルが完成しました。
続いて、KH Coderのプラグインを使って実際に表記を統合します。

❾ KH Coderが起動している場合は一旦閉じ、再度プロジェクトを開きます。
❿ 「ツール」メニューの「プラグイン」-「表記揺れの吸収」を選択します。

※あらかじめ前処理を実行している必要があります。

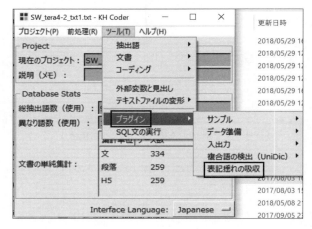

処理が完了したら「OK」をクリックし、

⓫ 抽出語リストを開き、表記が統一されていることを確認します。

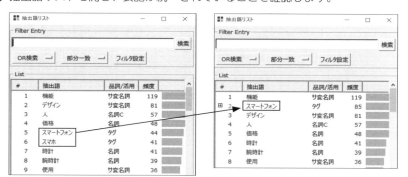

以上でデータのクレンジングの第二弾「表記揺れの統合」が完了しましたね！第一弾である「不要データの削除」と合わせると、Twitterの雑然としたデータが随分すっきりしました♪

だね。当初のデータには宣伝のようなツイートが多くてどうなることかと思ったけれど、一連のクレンジング作業でデータが厳選され、分析に適した形に整形されてよかったよかった。

でも、これで完璧にデータが整形されたかというと、実はそうでもないんですよ。例えば、上の抽出語リストを見ると、「時計」と「腕時計」があったりするので、これらは1つにまとめてもよいかなぁとも思ったり……。

それはKWICコンコーダンスで原文を参照して実際の文面でどのように使われているかを確認しないことには何とも言えないけれど、データのクレンジングに関して1つ念頭に置いておいてほしいのは、**必ずしも一度に完璧を目指す必要はない**ということ。

データのクレンジングは、データの精度を高めるために必要不可欠な作業で

はあるけれど、完璧を求めて時間と労力をかけすぎて肝心の分析の時間が取れなくなってしまっては本末転倒。

確かに……。

一度のクレンジングで完璧を求めるのではなく、何度か試行錯誤しながらデータを整えていくことを前提として、まずは分析の第一歩を踏み出してほしい。
分析を進める過程で見えてくることも多いので、得られた知見をもとにしてデータを随時バージョンアップさせながら、考察を深めていけばよいのだから。

第2部

テキストマイニング
実践編

第7章

アンケートの
テキストマイニング

7.1 自由回答付きアンケートの設計

7.2 アンケートデータの集計と分析

7.1 自由回答付きアンケートの設計

基礎編では、インターネットの記事やTwitterなどのテキストデータのみを分析の対象としてテキストマイニングを行ってきたわけだが、何か知見は得られたかな？

Webマガジン数種類のスマートウォッチ特集や、Twitterのつぶやきのテキストデータを分析して、主要な機能やメリット＆デメリット、使用実態などの現状が把握でき、スマートウォッチに何が求められているかが漠然と見えてきました。ただ、それを検証するにはどうすればよいものかと。。

よしよし。テキストデータから、新規スマートウォッチのアイデアやヒントが得られたということだね。冒頭でも説明したとおり、テキストデータは定性情報であり、どうしても主観的な側面があるので、そこから導き出された初期仮説を検証するために**客観性のあるデータの裏付け**が欲しい。

調査の種類

アイデア探索型	**新たなアイデアやヒント**を得ることを目的とし、仮説が立てにくい初期の段階で方向性や初期仮説を発見するために行う調査 主に**定性データ**によって探索される
仮説検証型	仮説を検証するために行う調査。既存の製品・サービスや市場の**課題解決**に適している 主に**定量データ**によって検証される

そうでした！　**テキストデータ（＝定性情報）の足りない面を補うために、定量データの調査や分析も併用して行うと効果的**ということで、既存のスマートウォッチユーザに対するインターネットアンケート調査を行うという分析ストーリーでしたね！

```
Problem：スマートウォッチにどんなニーズがあるのか？！

Plan     ☑インターネットの記事やクチコミサイトなどの「テキストデータ」から、
 ＋        スマートウォッチ市場の概要を把握する（第4章、第5章）
Data     □インターネットアンケートを利用して、スマートウォッチユーザの満
          足度を「数量データ＋テキストデータ」をもとに調べる
              ▼
Analysis：テキストマイニング＋データ解析により、スマートウォッチのニーズ
         を分析する
              ▼
Conclusion：分析結果に基づいて商品企画案を出す
```

スマートウォッチ利用者の満足度を調べるってことですが、実は私、アンケートの設問を自分で作るのが初めてなんですよ。。

「アンケートの目的」をしっかり念頭に置いておけば恐れることはないよ。
で、改めて聞くが、これから満足度を調査する**目的**って何だっけ？

　　○○○（何だったっけ……（汗）？！）

何を知りたいのかという目的をはっきりさせておかないと、得られる結果もぶれてしまうからね。最初にも**「データ分析は目的が大事」**と言ったはず。

そ、そうでしたね……。今回、予備調査的に調べたネットの記事やTwitterのテキストから、スマートウォッチの新規コンセプトとして採用できそうなテーマが見えてきたので、既存のスマートウォッチユーザの使用実態や満足度を調べることにより、**定量と定性の両面から**ニーズを分析するのが目的です。

では、予備調査で仮説として得られたスマートウォッチの主要なポイントを**定量的に**明らかにしつつ、既存ユーザの要望や意見をテキストマイニングで**定性的に**深堀りするようなアンケートを設計すればいいんじゃないかな。
ただ、アンケートの設計って必要な作業が多く、それだけで本が一冊書けてしまうくらい奥深いものなんだよ。

調査の進め方

① 調査目的を設定する（課題の抽出）

② 現状を整理する

③ 仮説を立てる

④ 調査を設計する
（調査対象者の選定や実施方法など）

⑤ 調査項目を作成する

⑥ 調査票を作成する

⑦ 調査を実施する

⑧ 集計・分析する

⑨ 報告書などを作成する　　　⑩ 目的に応じたアクションへ

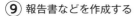 た、確かに手順が多いですね（焦）。でも、企画書の完成まで時間も限られているので、ここはぜひ最短コースでお願いします！

だね。では、今回は満足度調査の究極のゴールを目指して超効率的に進めていこう！

よろしくお願いします！　で……、満足度調査の究極のゴールって何でしょうか？？

「どんな人が」「どんな商品・サービスの」「どんなポイントに」「どのくらい満足しているのか」、これらを明らかにすること。

なるほど！　予備調査では、スマートウォッチの「どんなポイントに」の部分については多くの定性的情報が得られたので、それらを踏まえて、今回はスマートウォッチの満足度に大きく影響していると思われる以下のポイントに対して、「実際のユーザが」「どのくらい満足しているのか」を定量的に分析してみようと思います！

・操作のしやすさ
・ディスプレイの見やすさ
・充電（バッテリーの持続時間）
・耐久性（防水、耐衝撃性）
・容量（メモリ）
・スマートフォンとの連携（メール、SNS、電話などの通知、音楽再生など）
・健康管理機能（歩数、心拍数など）
・デザイン、価格

 Web記事やTwitterのテキストマイニングの結果から導き出された厳選テーマ！

これらのテーマについて各々の満足度を調べるためには、回答者の意識や意見という**定性的な情報を定量的に**表す必要がある。そのために、まずは選択式の設問を用意して、「YES」「NO」だけでなく数段階に分けて意見の程度を聞くという方法が一般的によく使われている。

確かに、5段階や7段階評価のアンケートはときどき見かけますね（飲食店の「お客様アンケート」とかね）。

そう。評価的な意味を持つ文章をまず提示し、それについて「積極的な賛成」から「積極的な反対」のように段階的なスケール（尺度）を用いて意思表示をさせる「リッカート尺度（Likert scale）」や、「高い」と「安い」などの対となる形容詞を用いて、ある事柄に対するイメージを判定する「SD法（semantic differential scale）」を使ったアンケートは見たことあるんじゃないかな？

リッカート尺度

あなたは、○○に関する以下の点についてどう思いますか。当てはまるものを1つ選択してください。

（1）機能性が高い

1．全くそうは思わない　2．そうは思わない　3．どちらともいえない
4．そう思う　5．かなりそう思う

（2）サービスがよい

1．全くそうは思わない　2．そうは思わない　3．どちらともいえない
4．そう思う　5．かなりそう思う

SD法

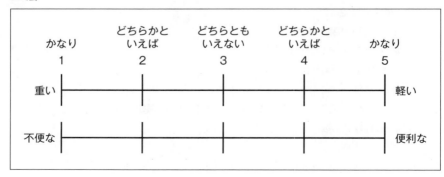

なるほど！　こうしてスケールを使うことにより、本来は数字で表せない意識や感情の程度を定量的に判定できるというわけですね！　それなら私でも簡単に満足度調査のアンケートが作れそうです♪

では、予備調査の結果をもとに、スマートウォッチの厳選テーマ9つに対する満足度について、以下のような5段階のスケールを使って調べてみようと思います！

●操作のしやすさ

1．満足　2．やや満足　3．どちらともいえない　4．やや不満　5．不満

●画面の見やすさ

1．満足　2．やや満足　3．どちらともいえない　4．やや不満　5．不満

⋮

これらの項目に加えて、**総合的な満足度**についても聞くといいね。そして、**回答者の属性（性別や年代、居住地など）**や、使用しているスマートウォッチのメーカー名や機種名、使用期間に関する設問など、**満足度との関連性を知りたい項目を含めておけば**、より多角的な分析ができるよ。

そうですね！　そうすれば、「どんな人が」「どんな商品・サービスの」「どんなポイントに」「どのくらい満足しているのか」という満足度調査の究極のゴールに近づけますね！

スマートウォッチに関するアンケート調査

あなたが普段お使いのスマートウォッチについて、あなたの気持ちに最も近いものを選択肢から1つ選んでください。

Q1．あなたは現在お持ちのスマートウォッチに総合的に満足していますか。
　1．満足　2．やや満足　3．どちらともいえない　4．やや不満　5．不満

Q2．あなたは現在お持ちのスマートウォッチの操作のしやすさに満足していますか。
　1．満足　2．やや満足　3．どちらともいえない　4．やや不満　5．不満

Q3. あなたは現在お持ちのスマートウォッチの画面の見やすさに満足していますか。
　1. 満足　2. やや満足　3. どちらともいえない　4. やや不満　5. 不満

Q4. あなたは現在お持ちのスマートウォッチの充電機能(バッテリーの持続時間)に満足していますか。
　1. 満足　2. やや満足　3. どちらともいえない　4. やや不満　5. 不満

Q5. あなたは現在お持ちのスマートウォッチの耐久性(防水、落下時の強さなど)に満足していますか。
　1. 満足　2. やや満足　3. どちらともいえない　4. やや不満　5. 不満

Q6. あなたは現在お持ちのスマートウォッチのデータ容量(メモリ)に満足していますか。
　1. 満足　2. やや満足　3. どちらともいえない　4. やや不満　5. 不満

Q7. あなたは現在お持ちのスマートウォッチのスマートフォンとの連携(メールやSNS、電話の通知、音楽再生など)に満足していますか。
　1. 満足　2. やや満足　3. どちらともいえない　4. やや不満　5. 不満

Q8. あなたは現在お持ちのスマートウォッチの健康管理機能(歩数、心拍数の測定・記録など)に満足していますか。
　1. 満足　2. やや満足　3. どちらともいえない　4. やや不満　5. 不満

Q9. あなたは現在お持ちのスマートウォッチのデザインに満足していますか。
　1. 満足　2. やや満足　3. どちらともいえない　4. やや不満　5. 不満

Q10. あなたは現在お持ちのスマートウォッチの価格に満足していますか。
　1. 満足　2. やや満足　3. どちらともいえない　4. やや不満　5. 不満

Q11. あなたが現在お使いのスマートウォッチの満足度についてご自由にご記入ください。

Q12. あなたは「スマートウォッチ」をいつからお持ちですか(複数お持ちの場合は直近のものの入手時期をお答えください)。
○〜 6か月未満
○6か月前〜 3年未満
○3年以上前
○その他

Q13. あなたが現在お使いのスマートウォッチのメーカー名および商品名（機種名）を教えてください。

Q14. あなたの性別を教えてください。
○男性
○女性

Q15. あなたの年齢を教えてください。

Q16. あなたがお住まいの都道府県を教えてください。

アンケートへのご協力ありがとうございました。

具体的な調査項目が確定したので、インターネットリサーチ会社のサービスを使ってネットアンケートを実施しますね（どきどきわくわく……）！

リサーチ会社によって、アンケート収集期間やモニター人数、スクリーニングの有無といったサービス内容が異なるので、事前にサービス内容をしっかり調べて、余裕を持ったスケジュールで進めるように。

はい！　かしこまりました！

7.2 アンケートデータの集計と分析

初めてのインターネット調査、無事に完了しました！　まだスマートウォッチが浸透していないせいか、スクリーニングに少し苦戦しましたが、なんとか228人のスマートウォッチユーザから回答をいただきました！
さ〜て、これからテキストマイニングに取りかかるとしましょうか。

いやいや、ちょっと待って。今回のアンケート調査の設問の中で、テキストマイニングの「分析対象テキスト」となるのは自由記述形式で回答してもらうQ11だけだよね？
Q1～Q10の満足度については定量情報として分析できるわけだし、Q12～Q16は回答者の属性や変数として付随的に扱う情報だといえるので。

まぁそうですが……。最初にも言ったように、私は数字が苦手なので、自由記述文のテキストマイニングから先に進めようかと。

その気持ちも分からなくもないが、満足度調査の分析の進め方としては、**まずは客観的な数値をもとに全体を定量的に捉えてから、それら数値の背景にある根拠や感情などの要因について自由記述文のテキストマイニングから考察する**、というのが順当な流れなんだよ。

わ、分かりました。。先に定量データの分析ですね……。では、なるべく簡単な方法であれば、何とかやってみようと思いますので……、よろしくお願いします！

■ 定量データの集計と分析

ネットリサーチ会社から回答結果のデータが送られてきたものの……、ただただ数字がたくさん並んでいるので、これらをどうすればよいのやら……。

そう。サービス各社で多少の違いはあるものの、ネットアンケートの回答データ（ローデータ）は数字の羅列にすぎないので、ただ眺めているだけでは全体像を掴むのは難しいよ。並んでいる数字を分かりやすく可視化するために行う最初のステップが「集計」。
集計を行うことによって初めて、全体に対してどれくらいの人が「Yes」と回答したかなど、全体感や割合を把握できるようになるからね。

集計をすれば全体像が見えてくるということですね。

でも難しい集計は勘弁してくださいよ。。

では、「単純集計（Grand Total：GT）」から始めよう。
調査した質問項目ごとに、どれくらいの人が回答したか（n数）、各選択肢が何人の回答者に選ばれたかを集計し、回答比率などを求める「単純集計」でアンケートの回答全体を大まかに掴み取ることが集計の第一ステップ。

アンケートデータの集計は「**全体から詳細へ**」と進めるのが鉄則なので。単純集計で全体感を把握した後に、さらに性別や年代別など詳しく知りたい視点があれば、「クロス集計」によって層別に分類して、各々の傾向の違いなどを見ていけばいいんだよ。

まずは単純に全体をざっくりと集計する（＝単純集計）ということですね。確かに、データの細かい点ばかりを先に気にしていても効率が悪いですしね（木を見て森を見ず、みたいな？）。
では、Excelを使って、まずは全体的な満足度を集計してみますね！

■ 全体的な数を把握する：単純集計（GT）

アンケートの回答者228名がスマートウォッチの各評価項目についてどれくらい満足しているか、該当者の人数と比率を単純集計して集計表を作ってみました。

	回答者全体 上段：n 下段：比率	満足	やや満足	どちらともいえない	やや不満	不満
総合的な満足度	228	57	115	38	15	3
	100%	25.0%	50.4%	16.7%	6.6%	1.3%
操作のしやすさ	228	70	94	39	23	2
	100%	30.7%	41.2%	17.1%	10.1%	0.9%
画面の見やすさ	228	67	92	40	27	2
	100%	29.4%	40.4%	17.5%	11.8%	0.9%
充電・バッテリー	228	58	68	39	45	18
	100%	25.4%	29.8%	17.1%	19.7%	7.9%
耐久性・防水性	228	60	86	54	26	2
	100%	26.3%	37.7%	23.7%	11.4%	0.9%
容量・メモリ	228	50	83	69	21	5
	100%	21.9%	36.4%	30.3%	9.2%	2.2%
スマホとの連携	228	70	94	48	13	3
	100%	30.7%	41.2%	21.1%	5.7%	1.3%
健康管理機能	228	70	93	48	12	5
	100%	30.7%	40.8%	21.1%	5.3%	2.2%
デザイン	228	78	88	37	19	6
	100%	34.2%	38.6%	16.2%	8.3%	2.6%
価格	228	57	71	55	37	8
	100%	25.0%	31.1%	24.1%	16.2%	3.5%

しかし、集計表だけではデータの全体像がイメージしにくいかも。。

それならグラフを使って視覚化すべし！ グラフは、数値の羅列だけでは分かりにくいデータの大きさの比較や変化・推移などを直感的に理解するのを助けてくれるよ。

私のような直感型人間にグラフは必須ということですね。ですが、どんなグラフを作ればよいのやら……？

今回のように、複数の項目を比較しつつデータ全体の内訳を明らかにしたいときには積み上げグラフが有効だよ。

では、各評価項目について、それぞれの満足度の人数の比率をグラフ化してみますね。

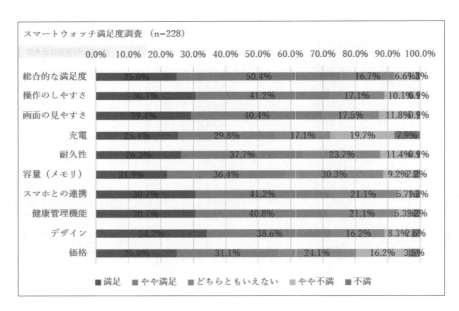

グラフ化すると、データ全体の見通しが良くなりました！ 項目間で比較してみると、「充電」について多少なりとも不満を感じている人が他の項目に比べて多いですね。
総合的には7割強の人が「満足」または「やや満足」しているものの、価格面で

は全体の約半分しか満足感を得ていないという点も気になります。
充電にしろ価格にしろ、満足・不満足の人数や比率によって全体的な傾向は把握できたものの、もしかしたら性別によって意識の差があるかもしれないし、メーカーや機種による違いもありそうだし……。

よしよし。単純集計の結果からデータを読めば読むほど、いろいろな視点で知りたいことが出てくるよね。そうなったら、次の集計ステップ「クロス集計」だ。

■ データを読む視点を掛け合わせる：クロス集計

クロス集計では、単純集計でカウントされた数値に対して、性別や年代、その他の質問項目などを掛け合わせて(=クロスして)集計することにより、データをさらに深堀りすることができる。
詳しく知りたい視点を分析の軸として新たに加えるというイメージだね。

では、スマートウォッチの機種(メーカー)による満足度の違いを知りたいので、クロス集計で各社の回答者数を見てみますね。

A社：n=87
S社：n=52

	満足 A社	満足 S社	やや満足 A社	やや満足 S社	どちらともいえない A社	どちらともいえない S社	やや不満 A社	やや不満 S社	不満 A社	不満 S社
総合的な満足度	21	2	42	11	14	3	9	1	1	0
操作のしやすさ	29	5	32	9	16	2	10	1	0	0
画面の見やすさ	28	4	38	7	9	4	12	2	0	0
充電・バッテリー	18	4	26	3	13	3	21	5	9	2
耐久性・防水性	22	0	29	10	18	5	18	1	0	1
容量・メモリ	18	2	33	7	23	4	11	3	2	1
スマホとの連携	32	3	32	7	19	3	3	4	1	0
健康管理機能	30	2	43	7	12	5	2	2	0	1
デザイン	35	4	37	7	9	0	6	4	0	2
価格	18	3	19	7	23	3	23	4	4	0

項目がたくさんあってクロス集計表だけでは分かりにくいので、まずはA社とS社の総合満足度だけを比較してみようかな。回答者の比率を求めてグラフ化しますね。

すべての調査項目を比較するのではなく単一項目の内訳をグラフ化するのなら円グラフが有効だよ。

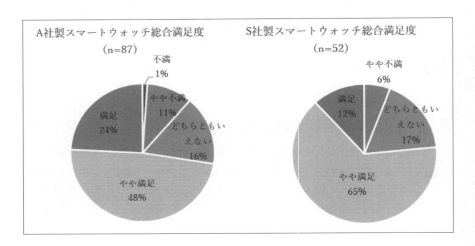

S社に比べてA社のほうが「満足」を選択した人の割合が多いものの、「やや不満」や「不満」を選択した人の割合もA社のほうが多いですね。
ということは、A社のスマートウォッチに魅力を感じて愛用している人の割合がS社より高い一方で、何らかの理由で不満を感じつつも仕方なく使っている人も一定数いるということでしょうか。

そうだね。では、どこに満足・不満足のポイントがありそう？

あ、満足度調査の究極のゴールに近づくために、「どんなポイントに」「どのくらい満足しているのか」を調べるのが目的でしたね（分析の目的をときどき確認しながら進めないと、すぐに忘れてしまう私であった……）。
では、今度は評価項目すべてについて満足度の割合を知りたいので、A社とS社の積み上げグラフを作って比較してみますね。

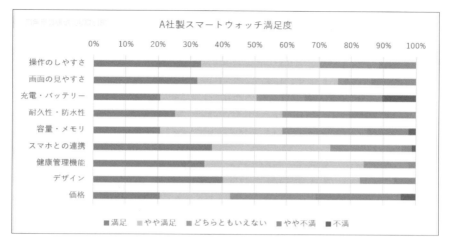

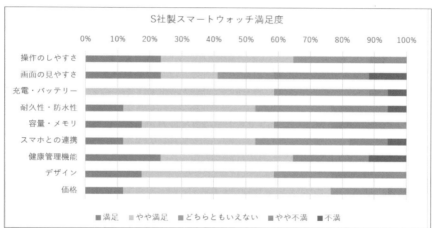

こうして比較してみると、A社製は「デザイン」や「スマホとの連携」について「満足」の割合が高いですね。対するS社製のほうは、デザインとスマホとの連携に関してA社より「満足」の割合が低いうえに、「やや不満」や「不満」の割合も高いので、やはり製品によって満足度の違いはありそうですよね。

また、A社製の「健康管理機能」には不満がほぼないといえる一方で、S社製ではマイナスの評価が目に付きます。

円グラフの総合満足度だけを見ると、S社製は不満も少ないことだしいいのかなと思いましたが、こうして各々のポイントを見てみると、「健康管理機

能」や「デザイン」、「スマホとの連携」については特にA社製との評価の差を感じますね。
ということで、それぞれの評価の根拠や、満足・不満足の理由を詳しく知りたくなってきました！

お、いいね！ 満足度調査の回答データのうち、まずは定量的なデータを使ってスマートウォッチの「どんなポイントに」「どのくらい満足しているか」を客観的に掴むことができたので、続いて定性データである自由記述文の分析でユーザの意識を探索していこう。

アンケートのQ11の設問「あなたが現在お使いのスマートウォッチの満足度についてご自由にご記入ください」の回答をテキストマイニングで分析するということですね。

今回の場合、自由回答文だけでなく、回答者の属性（性別や年齢など）や使用機種など、テキストに付随する情報も収集しているので、それらのデータもあわせて分析してみよう。

そうですね！ Excelに各設問の回答データが既に入力されているので、それらをそのまま使えると嬉しいのですが（テキストエディタではなく……）。

もちろん。ExcelのデータをKH Coderに取り込むのでご心配なく！

Case 3

文章だけでなく、対応する複数の情報と文章との関連性も分析できる！

「文章」＋「文章に対応する変数」を同時に分析する

例えば、こんなときCase3の方法を使うよ。

- アンケートの自由記述回答文と回答者の属性（性別や年代など）を対応させて考察したい
- 文章と複数の変数について、切り口を自在に変えて調べたい

「テキスト」と、それに対応する「変数」というのは、アンケートの場合なら「**テキスト＝自由回答文**」で、「**変数＝性別や年代などの属性情報、その他の設問、日付などの情報**」ですね。

そういうこと。レビューサイトのクチコミだったら評価得点や星の格付けなども変数として取り入れられるね。**複数の変数があると複数の視点からデータを捉えることができる**ので、テキストデータのみのテキストマイニングよりも多面的な分析ができる。

文章（テキストデータ）と、それに対応する変数データ

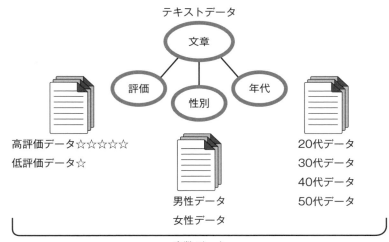

なるほど！　定性データと定量データを同時に分析するというのが、ここで実現できるというわけですね！
では、満足度調査の自由回答文（定性データ）を、満足度（定量データ）などの変数とあわせてテキストマイニングで分析してみたいと思います！

■ Step1．Excelファイルの作成

　「テキスト」＋「テキストに対応した変数」を分析対象とする場合、Excelファイルにデータを一括入力・管理し、KH Coderで分析することができます。

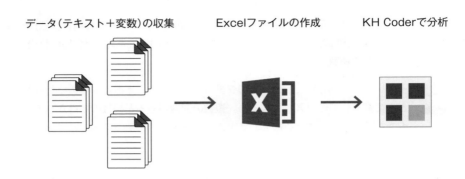

■ KH Coder分析用Excelデータ作成時の注意点

❶ Excelの**1つ目のシート**に、「テキスト」と「外部変数」(KH Coderでは、テキスト以外の情報を**外部変数**と呼んでいます) を入力します。Excelファイルに複数のワークシートがある場合でも、**1つ目(左端)のシートだけが認識されます**。

❷ **1行目には各列の内容を表す見出し(項目名)** を、続く**2行目以降に各々のデータ**を、**1行につき1件ずつ**入力していきます(例えば、アンケートの回答データの場合、1行に1名分の回答結果を入力します)。
Excelの1行目に入力した項目名が、KH Coderの新規プロジェクト設定画面で分析対象候補として表示されます。

※KH Coderの新規プロジェクト作成画面で「分析対象とする列」のボタンをクリックすると、Excelの1行目に入力された見出し全てが表示されます。初期設定ではA列が選択されていますが、テキストデータがA列以外に入力されている場合は該当の列を選択します。

1件（1名分）の回答の中で、未回答の項目があれば空欄にしておきます。空欄を設けずに行や列を詰めてしまうと、1件分の回答としての整合性がとれなくなってしまいます。

未回答部分をExcelで検索や集計する場合などに備えて、空欄ではなく「．」（カンマ）や「-」（ハイフン）などを入力しておいてもよいですが、KH Coderでは基本的に半角記号は分析の対象外となります（62ページ参照）。

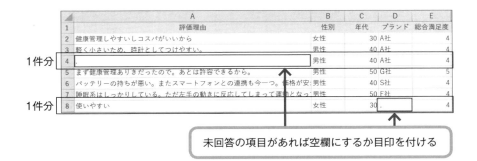

入力NG例

KH CoderにExcelデータを正しく認識してもらうために、以下のような基本ルールを守ってExcelファイルを作成する必要があります。

・1行目および1列目を空白行や空白列にしないこと

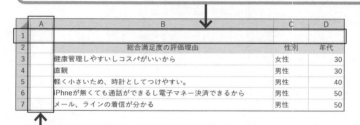

・セルを結合しないこと

というわけで、228名分の回答をKH Coder分析用にExcelデータ化してみました！

	A	B	C	D	E
1	評価理由	性別	年代	ブランド	総合満足度
2	健康管理しやすいしコスパがいいから	女性	30	A社	4
3	軽く小さいため、時計としてつけやすい。	男性	40	A社	4
4	.	男性	40	A社	4
5	まず健康管理ありきだったので。あとは許容できるから。	男性	50	G社	5
6	バッテリーの持ちが悪い。またスマートフォンとの連携も今一つ。価格が安	男性	40	S社	4
7	睡眠系はしっかりしている。ただ左手の動きに反応してしまって運動となっ	男性	50	F社	4
8	使いやすい	女性	30	.	4
9	直観	男性	30	C社	3
10	iPhoneが無くても通話ができるし電子マネー決済できるから	男性	50	A社	5
11	メール、ラインの着信が分かる	男性	50	L社	4
12	電話の着信に確実に気付くスマートフォンの操作が手元でできる	男性	50	A社	4
13	バッテリーの持ちがいい事、操作性がいい事、他の人と被らない事	男性	50	T社	5
14	必要な機能は整っているけれど時々スマートフォンとの接続がうまくいかないこともある。その辺は今後に期待しています。	女性	50	S社	4

よしよし。228人分の回答の誤字や表記揺れなどを1つひとつチェックするのは大変なので、とりあえず**KH Coderで分析を進めながら必要に応じてデータを整備**すればいいね。
ところで、「総合満足度」は数値のままで大丈夫？

あ！！ ネットリサーチの回答結果データをそのままコピーしたので、総合満足度の「満足」は5、「やや満足」は4、「どちらともいえない」は3、「やや不満」は2、「不満」は1とコード化されていますね（汗）。

そのままでも全く問題ないよ。ただ、これから分析結果をグラフ化するにあたり、1〜5の数字がグラフ上にプロットされるのは見やすいとは言えないかもね。

ですね……。5は「満足」、4は「やや満足」と頭の中で変換するのも大変ですしね。

また、アンケートでは5段階で満足度を評価したわけだが、より解釈をしやすくするために集約してもいいね。例えば、「満足」と「やや満足」をまとめて「Positive」、「どちらともいえない」を「Neutral」、「不満」と「やや不満」をまとめて「Negative」というように、3段階にして分析することもできるよ。

なるほど！ 今回の目的は、スマートウォッチの満足と不満足の評価に対応する根拠や意見を分析することなので、確かにポジティブとネガティブ、ニュートラルの3段階を指標とすれば比較しやすくなっていいですね！

では、KH Coderでの分析の前に、もう少しExcelデータを加工しておこう。現状の外部変数（「性別」「年代」「ブランド」「総合満足度（コード）」）に加えて、「5段階評価」と「3段階評価」という外部変数を新たに作成する。Excelの関数（VLOOKUP）を使えば、わりと簡単にできるよ。

確かに228名分のデータを手入力するのは大変ですものね（入力ミスの可能性もなきにしもあらずだし……）。とはいえ、私、関数も苦手なので、そのブイ・ルックアップ関数とやらを詳しく教えてくださいませ。

※そのままKH Coderの分析手順に進む場合は186ページへ。

■ VLOOKUP関数を使って外部変数を作成する

現状では、総合満足度が「満足」は5、「やや満足」は4、「どちらともいえない」は3、「やや不満」は2、「不満」は1とコード化されて表記されているので、分かりやすくするために通常の表記に変換します。

また、満足・不満足の解釈をしやすくするために、5段階の評価を3段階（「満足」+「やや満足」を「Positive」、「どちらともいえない」を「Neutral」、「不満」+「やや不満」を「Negative」）として新たな外部変数を作成します。

> このような外部変数を自動で入力できるようにしていきます

	A	B	C	D	E	F	G
1	総合満足度の評価理由	性別	年代	ブランド	総合満足度	5段階評価	3段階評価
2	健康管理しやすいしコスパがいいから	女性	30	Apple	4	やや満足	Positive
3	軽く小さいため、時計としてつけやすい。	男性	40	Apple	4	やや満足	Positive
4	.	男性	40	Apple	4	やや満足	Positive
5	まず健康管理ありきだったので。あとは許容できるから。	男性	50	Garmin	5	満足	Positive
6	バッテリーの持ちが悪い。またスマートフォンとの連携も今一つ。価格が安	男性	40	Sony	4	やや満足	Positive
7	睡眠系はしっかりしている。ただ左手の動きに反応してしまって運動となっ	男性	50	Fitbit	4	やや満足	Positive
8	使いやすい	女性	30	.	4	やや満足	Positive
9	直観	男性	30	Casio	3	どちらともいえない	Neutral
10	iPhoneが無くても通話ができるし電子マネー決済できるから	男性	50	Apple	5	満足	Positive
11	メール、ラインの着信が分かる	男性	50	LAD weath	4	やや満足	Positive
12	大変非常にとても素晴らしい	男性	40		5		
13	.	男性	20		4		
14	電話の着信に確実に気付くスマートフォンの操作が手元でできる	男性	50	Apple	5		
15	バッテリーの持ちがいい事、操作性がいい事、他の人と被らない事	男性	50	Tomtom	5		

VLOOKUP関数は、指定した範囲を検索し、検索条件に一致する特定の値を取り出す（表示させる）ことができる。
例えば、今月の売り上げデータとしてExcelに商品コードがずらっと並んでいるだけでは、それぞれ何の商品なのか、価格は各々いくらなのか分からな

いけれど、VLOOKUP関数を使うことによって、商品コードに対応する商品名や価格を表示させることができるんだ。もちろん、参照元となる商品一覧表を作っておく必要はあるのだけれど。

う〜む……。便利そうな気もしますが、難しそうな気もします(汗)。

では、実際に手順を踏みつつ進めていこう。

VLOOKUP関数を使って、「5段階評価」の各列にデータを自動入力する

追加する外部変数のうち、まずは5段階評価「満足」「やや満足」「どちらともいえない」「やや不満」「不満」を関数を使って一括入力できるように設定します。

❶ VLOOKUP関数を入力する表とは別の場所(後から表やデータの編集をする可能性もあるため、できれば別のシートが望ましい)に、以下のような対応表(この場合、1〜5の総合満足度それぞれに対応する「満足」「やや満足」などの一覧表)を作ります。

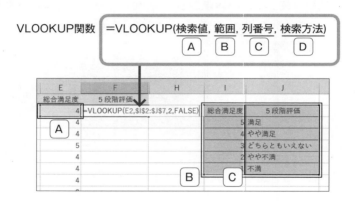

データ対応表

❷ 実際にデータを表示させたい箇所に、以下のVLOOKUP関数を入力します。

- A「検索値」:「データ対応表」の「満足」「やや満足」……のうち、どれに該当するのかを検索する手がかりになる値

  ここでは、E列に入力される総合満足度のことなので、セルE2となります。

- B「範囲」: 検索するデータ対応表

  「$I$2:$J$7」の$マークは、その範囲が「絶対セル番地」であることを示しています。この後、F2に入力した関数の式を以下のセルにもコピーするとき、範囲が絶対セル番地で指定されていないと参照範囲がずれてコピーされてしまいます。そのため、範囲を指定する際は、**式を他の場所にコピーしても参照先が変わらない絶対セル番地**で行います。

  ここでは、対応表の範囲「I2」から「J7」をドラッグして選択した後、キーボードのF4キーを押して$マークを付けました。

- C「列番号」：自動入力させたいデータが「範囲」（データ対応表）の左から何列目にあるかを指定

    データ対応表の2列目を指定すると、検索値「4」がある行の2列目＝「やや満足」が自動入力されます。

- D「検索方法」：「範囲」から「検索値」を探すときの検索方法を指定

    検索値と完全に一致する値だけを検索する場合は「FALSE」、検索値と一致する値がない場合は一番近い値を検索する「TRUE」を入力します。

うむむむ……。4か所も指定する場所があるなんて、やっぱり難易度高めですね（汗）。

確かに最初はそう思うかもしれないが、慣れれば簡単だよ。とにかくやってみるべし！

そ、そうですかね。では、頑張って入力してみます。まずは、関数を入力するセル番地「F2」をクリックして、イコール、VLOOKUP、カッコ……と最後まで入力したら、Enterキーをポチっとな！

=VLOOKUP(E2, $I$2:$J$7, 2, FALSE)

おおお！　F2のセルに「やや満足」が自動入力されました！！

E	F	H	I	J
総合満足度	5段階評価		総合満足度	5段階評価
4	やや満足		5	満足
4			4	やや満足
4			3	どちらともいえない
5			2	やや不満
4			1	不満
4				
4				

あとは、F2の式を最後の行までコピーすればいいね。
今回のデータは229行目まであるけれど、オートフィル機能を使えば一瞬で入力完了！

オートフィル？！

関数を入力したセルをクリックして右下にマウスカーソルをあてると、カーソルが「黒い＋」のマークになるので（白抜きの十字ではなく黒十字！）、そうなったときにダブルクリックするだけでOK。

E	F	H	I	J
総合満足度	5段階評価		総合満足度	5段階評価
4	やや満足	＋	5	満足
4			4	やや満足
4			3	どちらともいえない
5			2	やや不満
4			1	不満
4				
4				

第7章　アンケートのテキストマイニング　183

わぉ！　228名分の「5段階評価」が瞬時に自動入力できて感激です〜！！

（Excel表：評価理由、性別、年代、ブランド、総合満足度、5段階評価の列を含むデータ）

VLOOKUP関数を使って、新たな外部変数「3段階評価」を追加する

スマートウォッチユーザの満足・不満足の傾向を解釈しやすくするために、5段階で評価していた満足度を3段階「Positive」「Neutral」「Negative」に再分類する方法をご紹介します。

この場合も、関数を使って新たな外部変数を効率的に追加することができます。

> VLOOKUP関数を使って、
> 「満足」と「やや満足」を「Positive」へ、
> 「どちらともいえない」を「Neutral」へ、
> 「やや不満」と「不満」を「Negative」へと再分類します。

❶ VLOOKUP関数では、まずは「データ対応表」が必要です。

今回は次のような一覧表をExcel上に作成しました。この表がデータの参照元となります。

満足	Positive
やや満足	Positive
どちらともいえない	Neutral
やや不満	Negative
不満	Negative

データ対応表

❷ 関数の式を入力します。

VLOOKUP関数　=VLOOKUP(検索値, 範囲, 列番号, 検索方法)

<table>
<tr><td colspan="2">=VLOOKUP(F2,$L$2:$M$6,2,FALSE)</td></tr>
<tr><td>E</td><td>F</td><td>G</td><td>H</td><td>K</td><td>L</td><td>M</td></tr>
<tr><td>総合満足度</td><td>5段階評価</td><td>3段階評価</td><td></td><td></td><td></td><td></td></tr>
<tr><td>4</td><td>やや満足</td><td>=VLOOKUP(F2,$L$2:$M$6,2,FALSE)</td><td></td><td></td><td>満足</td><td>Positive</td></tr>
<tr><td>4</td><td>やや満足</td><td></td><td></td><td></td><td>やや満足</td><td>Positive</td></tr>
<tr><td>4</td><td>やや満足</td><td></td><td></td><td></td><td>どちらともいえない</td><td>Neutral</td></tr>
<tr><td>5</td><td>満足</td><td></td><td></td><td></td><td>やや不満</td><td>Negative</td></tr>
<tr><td>4</td><td>やや満足</td><td></td><td></td><td></td><td>不満</td><td>Negative</td></tr>
<tr><td>4</td><td>やや満足</td><td></td><td></td><td></td><td></td><td></td></tr>
<tr><td>4</td><td>やや満足</td><td></td><td></td><td></td><td></td><td></td></tr>
<tr><td>3</td><td>どちらともいえない</td><td></td><td></td><td></td><td></td><td></td></tr>
<tr><td>5</td><td>満足</td><td></td><td></td><td></td><td></td><td></td></tr>
<tr><td>4</td><td>やや満足</td><td></td><td></td><td></td><td></td><td></td></tr>
<tr><td>5</td><td>満足</td><td></td><td></td><td></td><td></td><td></td></tr>
</table>

※A ～ Dの引数の詳細については180ページを参照してください。

❸ 関数を入力したセルが「やや満足」→「Positive」と正しく変換されていることを確認できたら、式を最終行までコピーします。

第7章　アンケートのテキストマイニング

データ完成〜！！　これでやっと分析ができますね（VLOOKUP関数、意外と簡単でした）♪

■ Step2. ExcelデータをKH Coderへ

よし！ 分析したいテキストデータと外部変数がExcelに入力できたので、さっそくテキストマイニングに取り掛かろう！
と、その前に確認だけれど、今回の分析の目的って何だっけ？

はいはい、**データ分析は目的が大事**って、何度も言われるので慣れましたよ。満足度調査の回答のうち、まずは定量データを集計した結果、スマートウォッチの満足度に大きく影響していると思われるテーマ（充電、デザイン性、スマホとの連携、健康管理機能、価格）が数量的な裏付けによって明らかに見えてきました。なので、今回さらに満足・不満足の具体的な理由や評価の根拠などの自由記述部分をテキストマイニングで深堀りして、新商品のコンセプトに繋げるのが目的です（ドヤ）！

なんだかやる気に満ちてきたようだね（笑）。特に今回のテキストマイニングの分析対象データはExcelファイルということで、**外部変数（回答者の性別や年代、メーカーなど）とテキストデータとの連動により多角的な分析ができる**というのが最大のメリットなので、そこを最大限に活かしつつ進めていこう。

KH Coderの基本的な分析手順は、**分析対象ファイルがテキスト形式の場合とほぼ同様**ですので、以下、Excelファイル特有の操作の手順やポイントを重点的にご紹介していきます。

新規プロジェクトの作成

KH Coderの「新規プロジェクト」では、分析対象ファイルとしてExcelファイルを選択します (基本操作については4.2節参照)。

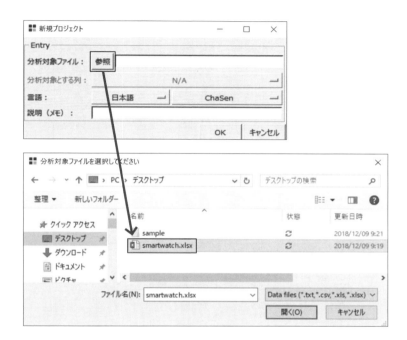

分析対象ファイルとしてExcelファイルを選択すると、「分析対象とする列」にデータのA列の見出しが表示されます。A列にテキストデータが入力されている場合はそのままの設定で問題ありませんが、外部変数の見出しが選択されている場合はボタンをクリックし、一覧の中から**テキストデータの見出し**を選びます。

テキストデータの見出しを「分析対象とする列」に

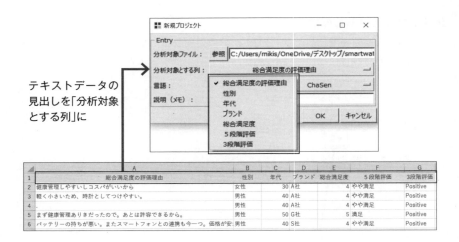

「分析対象ファイルのチェック」の後、「前処理の実行」でテキストマイニングのスタートです！

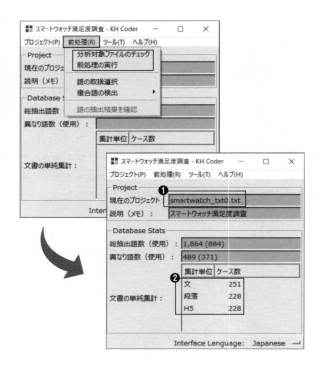

❶「現在のプロジェクト」について

新規プロジェクト作成時にExcelファイルをもとに自動生成されたテキストファイルが表示されています。

あれれ？　Excelで分析対象ファイルを作ったのに、「現在のプロジェクト」ではテキスト形式のファイル名になっていますね。

だよね（苦笑）。では、念のため確認しておこう。分析対象として選択したExcelファイルの保存場所を開いてごらん。その下に新たなテキストファイルが2つできているから（ちゃんとExcelファイルのほうも残っているので安心してね）。

名前	状態	更新日時	種類	サイズ
sample		2018/12/09 9:28	ファイル フォルダー	
smartwatch.xlsx		2018/12/09 9:19	Microsoft Excel ワ...	26 KB
smartwatch_txt0.txt		2018/12/09 9:26	テキスト ドキュメント	15 KB
smartwatch_var0.txt		2018/12/09 9:26	テキスト ドキュメント	11 KB

ちなみに、自動作成された2つのファイル「(元データとなるExcelのファイル名)_txt0.txt」と、「(元データとなるExcelのファイル名)_var0.txt」のうち、「○○○_txt0.txt」のほうにはテキストデータが、「○○○_var0.txt」のほうには外部変数のデータが入っているんだよ。

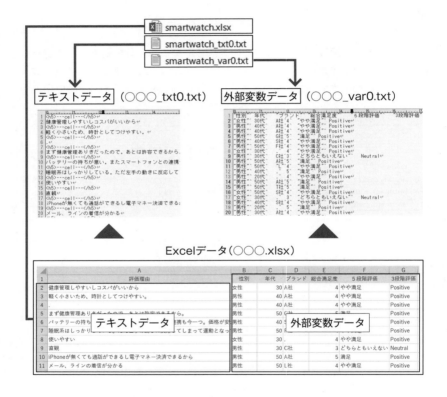

ふむ。外部変数のほうは元のExcelデータとほぼ同様ですが、テキストデータのほうは「<h5>---cell---</h5>」などのコードが1行ごとに入っていますね。これは何でしょう？

おっ！ いいところに気付いたね。これはKH Coderで分析するときに集計単位として使われるタグの1つだよ。Excelではセルという1つの単位があるけれど、テキスト形式に変換されるとセルは無くなってしまうので、新規プロジェクト作成時のテキスト変換で自動的に<h5>というタグが付けられてマーキングされるんだ。そのおかげで、KH Coderでもセルの存在が認識可

能となるわけ(集計単位として使われるタグの応用的な使い方については193ページ参照)。

❷文書の集計単位について

KH Coderでは、集計や検索の際に**どこからどこまでを1つの単位とするか**を設定できます。

分析対象ファイルがExcelの場合は**「文」「段落」「H5」**という集計単位が初期設定で選択できるようになっていますが(テキスト形式ファイルの場合、初期設定の集計単位は「文」と「段落」)、必要に応じて集計単位を追加することも可能です。

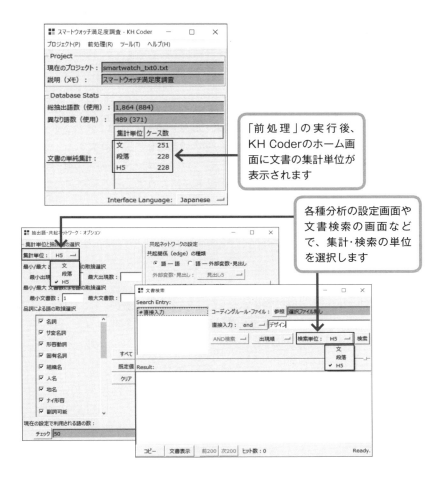

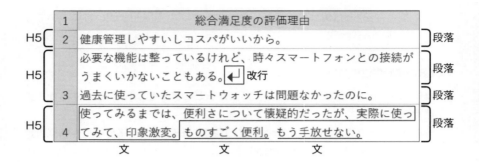

- **文**

  基本的に、**句点（。）で区切られた単位**が1文となります（ただし、文末に句点がなくても、そこでセルが変わっていれば（あるいは改行されていれば）、1文（改行の場合は1段落）となります）。

- **段落**

  改行（改行コード）によって段落が認識されます。同一セル内に入力されている場合でも、複数の改行が入っているなら複数の段落として扱われます。

  上の例の場合、3行目のセルは「……うまくいかないこともある。」の後で改行されているので、同一セル（H5）内に2つの段落が含まれているということになります。

  ※Excelのセル内で改行する場合、キーボードのAltキーを押しながらEnterキーを押すと、自動的に改行コードが入ります。また、アンケートの分析などで、1サンプル1段落として集計したいのに改行が含まれている場合は、必要に応じて改行コードを削除してください。

- **H5**

  Excelの**セル単位**で集計や検索をする場合はH5を選択します。1つのセルに1人の回答が入力されているアンケートの集計などで適用されます。

第7章　アンケートのテキストマイニング　**193**

■ テキスト形式ファイルの集計単位を追加する

　分析対象ファイルがExcelデータの場合、KH Coderがデータをテキスト形式に変換する際に<H5>というタグ（見出し）が自動的に付与されます。タグによるマーキングによって各々のセルが認識されるので、セル単位の集計が可能となるわけです。

　複数のテキスト形式ファイルを1つのファイルとして結合する際に、<H2>というタグが自動的に付けられて、結合前の各々のファイルを認識するためにマーキングされたのと同様です（115ページ参照）。

　1つのテキスト形式データを分析する場合にも、新たなタグ（見出しの行）を書き加えることによって集計単位を追加し、分析・検索の視点のバリエーションを増やすことができます。

　例えば、記事や論文などの「発行年月 - タイトル - 本文」「章 - 節 - 本文」といった階層構造を表現する形でタグ付けすると、以下のような集計が可能です。

※追加できるタグはH1からH5までの5種類です。

マーキング用タグ（見出し）の書き方の例

```
<H1>2019年_1月</H1>
<H2>1月</H2>
<H3>記事のタイトル</H3>

記事の本文・・・・・・・・・・・・・・・・・・・・・・
・・・・・・・・・・・・・・・・・・・・・・・・・・・・・・・・・・
・・・・・・・・・・・・・・・・・・・・・・・・・・・・・・・・・・
・・・・・・・・・・・・・・・・・・・・・・・・・・・・・・・・・・

<H1>2019年_2月</H1>
<H2>2月</H2>
<H3>記事のタイトル</H3>

記事の本文・・・・・・・・・・・・・・・・・・・・・・
・・・・・・・・・・・・・・・・・・・・・・・・・・・・・・・・・・
・・・・・・・・・・・・・・・・・・・・・・・・・・・・・・・・・・
・・・・・・・・・・・・・・・・・・・・・・・・・・・・・・・・・・
```

　以下、テキスト形式ファイルの集計単位を追加した場合のアウトプット例を紹介します。

　上の図のマーキング例のように、以下のようなタグを付けたとします。

```
H1：2018年_1月〜2018年_3月、2019年_1月〜2019年_3月
H2：「1月」「2月」「3月」（1月×2、2月×2、3月×2）
H3：記事のタイトル×6
```

特徴語一覧

❶ 「ツール」メニューの「外部変数と見出し」をクリックします。

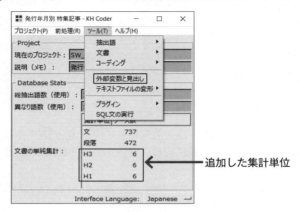

追加した集計単位

❷ 集計したい文書単位（見出し）を選択し、「特徴語」-「一覧（Excel形式）」をクリックします。

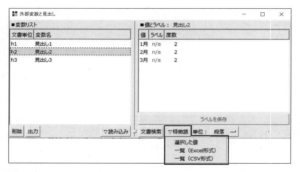

❸ 「特徴語一覧」が表示されます。

	A	B	C	D	E	F	G	H
1								
2	1月			2月			3月	
3	デザイン	.138		スマートウォッチ	.261		スマートウォッチ	.246
4	径	.138		人気	.103		機能	.121
5	ケース	.134		安値	.096		腕時計	.095
6	バンド	.129		探す	.096		スマホ	.093
7	機能	.124		女性	.091		時計	.065
8	ステンレス	.110		使用	.078		モデル	.063
9	スティール	.100		対応	.067		WATCH	.059
10	価格	.094		詳細	.061		必要	.059
11	ファッション	.089		使う	.057		対応	.058
12	バッグ	.086		時間	.050		使う	.057
13								

 月単位としてタグ付けした<H2>での集計により、月ごとの記事の特徴が見えるかな？！

対応分析

❶ 「ツール」メニューの「抽出語」-「対応分析」をクリックします。
❷ 集計したい文書単位（見出し）を選択し、「OK」をクリックします。

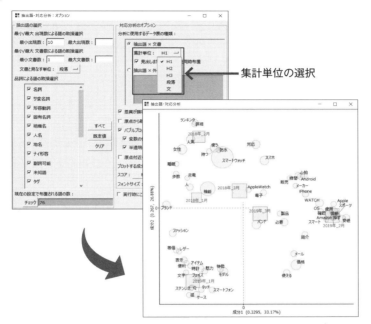

集計単位の選択

発行「月」より構造的に上位にある発行「年」の情報も含んだ<H1>を集計単位として対応分析の図を見ると、年月による傾向や内容の違いが分かりますね！

■ Excelファイルの更新内容をKH Coderに反映させる

KH Coderのバージョンが「Version 3. Alpha. 14」以降の場合、KH Coderで前処理を終えた後にExcelやCSVの元ファイルを編集して上書き保存した場合、「既存プロジェクト」で**前処理を再度実行することにより変更内容の読み込みが可能**となりました。

具体的な操作例については、オーム社webサイトの本書ページ内「読者サポートサービス」（https://www.ohmsha.co.jp/book/9784274222856/）にある「KH Coderのバージョンアップに伴う変更点について」の追加説明資料をダウンロードしてご覧ください。

■ Step3. Excelデータのテキストマイニング

Excelデータを用いたテキストマイニングの一番の特徴は、**テキストそのものに加えて「外部変数」を分析の視点として加えられる**ということ。
KH Coderの基本的な操作手順についてはテキスト形式ファイルの場合とほぼ同様なので、これまでの復習も兼ねつつ、Excelデータ＋外部変数の分析のポイントを重点的におさえていくよ。

はい！　よろしくお願いします！

まず、**テキストデータの分析の第一歩は、全体像を把握すること**だったね。

◆どのような語が使われているか？
⇨ 抽出語リスト で確認します（5.1節参照）。

抽出語リストのチェックポイント

□ テキスト全体で多く使われている語だけでなく、出現頻度の低い語（貴重な少数意見）にも注目する

□ リストの中に、誤字や脱字、分析に使用しない語などがあった場合は、必要に応じてデータの整形または「語の取捨選択」（86ページ参照）をする
※Excelの元データを修正した場合、ファイルを上書き保存するのではなく別の名前を付けて保存し、再度KH Coderで新規プロジェクトを作成してください。

□ 表記揺れがあった場合は、元データを整形するか、KH Coderのプラグインで表記揺れを統一する（6.3節参照）

□ リストの中に気になる語を見つけたら、該当の語をクリックして原文を確認する（5.2節参照）

◆どの語とどの語が共に使われているか？
⇨ 共起ネットワーク で確認します（5.3節参照）。

共起ネットワークのチェックポイント

□共に出現する語と語の関係性を、**線の繋がり**によって確認する
※語と語の位置関係（近い・遠い）に意味はありません。線で繋がっているかどうかによって共起の有無を判断します。

□抽出語の出現頻度を、円の大きさによって把握する

□分析対象ファイルがExcelの場合、「集計単位」としてH5（セル単位）も設定できるので、どの単位での共起関係を分析するのかを選択する（191ページ参照）

□分析対象ファイルがExcelの場合、「語と語」の共起関係だけでなく、「語と外部変数」の共起関係も分析する

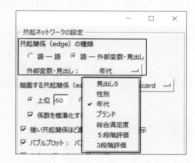

□共起ネットワーク中に気になる語があれば、該当の語をクリックして原文を確認する（5.2節参照）

□分析の目的に応じて、集計単位や品詞の選択、外部変数などの設定をさまざまなパターンで試してみて、分析結果の違いから考察を深める

□あくまでも語と語が共に出現する頻度が高いものをプロットしているので、例えば、単独の語の出現頻度は高いものの、特定の他の語と共に使われているわけではないような場合、図に布置されない可能性がある（純粋に抽出語の出現頻度を基準として語と語の関係を視覚的に把握したい場合は、「多次元尺度構成法」（一般的にはMDS：Multi Dimensional Scalingと呼ばれます）を作成。204ページ参照）

共起ネットワークの例1:「語-語」のパターン

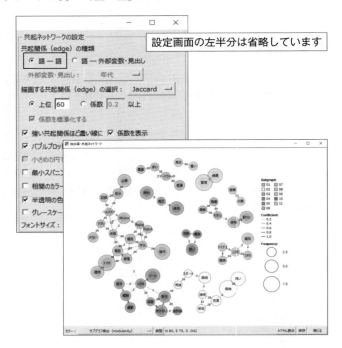

分析対象ファイルがテキストファイルの場合と同様、**抽出語と抽出語が共に出現する関係性**からテキストの全体像をざっくりと捉えたい場合は「語-語」の共起ネットワークが有効だね(5.3節参照)。

あ、あの〜……共起している語と語の線の上に数字がありますが、それは何でしょうか? 前回は数字の表示は無かったですよね?

共起ネットワークの設定の「描画する共起関係の選択」で「Jaccard」を選んでいて、「**係数を表示**」にチェックを付けたので、**Jaccard(ジャッカード)係数**が表示されているんだよ。そろそろ数字に慣れてきたかなーと思ってさ。

まぁ、ほんの少しは慣れてきたかも?!
では、Jaccard係数って何なのか、先輩が説明したいのなら聞いてあげてもいいですよ……。

簡単にいうと、**Jaccard係数は関連性を測る尺度**の1つ。この尺度によって、語と語の関連性（共起）の強さが数値化されるので、相対的な基準として使うことができるんだよ。
例えば、共起ネットワークに表示される語が多すぎるとき、Jaccard係数を基準として共起関係がより強いものだけを絞り込むことができる。

※Jaccard係数の算出方法について詳しく知りたい場合は付録を参照してください。

　共起ネットワークの図の下部にある「調整」ボタンをクリックすると、以下の設定画面が表示されます。初期設定では「描画する共起関係」は「上位」となっていますが、「係数」で数値を指定して出力グラフを調整することができます。

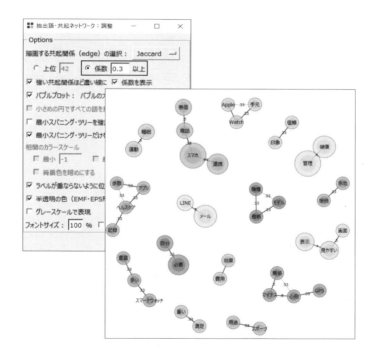

なるほど！　この係数のおかげで、数値という客観的な根拠をもとに情報を取捨選択して、密度の濃い情報へとブラッシュアップできるわけですね！
より強い共起関係の語だけ残してみたら、「スマホ連携」「健康管理」「画面の見やすさ」「スポーツ用途」など、スマートウォッチユーザが重視するスマー

トウォッチの主要テーマが浮き上がって見えてきたように感じます♪

共起ネットワークの例2：「語 - 外部変数」のパターン

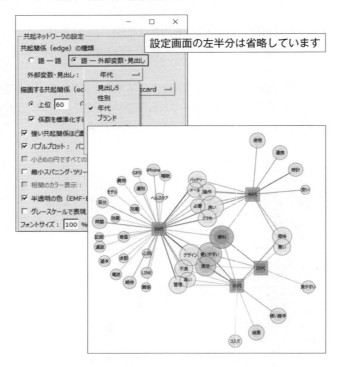

この図は、抽出語と外部変数（年代）との共起関係を表した共起ネットワーク。今回のアンケートでは、20～50代のスマートウォッチユーザから回答を得たので、外部変数として年代を選択すると、それぞれの年代の回答者の自由記述文（総合満足度の評価理由）の語と各年代との共起関係が表される。

おお！　こうしてみると、世代を超えて共通のテーマがありつつも、世代ごとに重視するポイントが異なるともいえそうですね！
20代は使いやすさや便利さ優先、30代は現状に割と満足していて、40代は操作性やバッテリーに関心がありつつ価格も気になり、50代になると個人差があるのかさまざまな要因が評価に絡んでくる、という感じでしょうか。

あ、そうだそうだ。新たに作った外部変数「満足度の3段階評価」と抽出語の共起関係も確認しておこう。**分析の視点（外部変数）をあれこれと変えてテキスト全体のテーマを探索し、アイデアや仮説を発掘する**というのが、Excelデータを使ったテキストマイニングの醍醐味だからね。

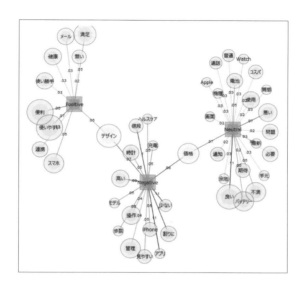

Positive（満足、やや満足）、Neutral（どちらともいえない）、Negative（不満、やや不満）の3段階の満足度と、それぞれの満足度評価に対応する評価コメントとの共起関係ですね。スマートウォッチユーザのコメントが3つの軸によって視覚化されたので、5段階評価の結果よりも満足＆不満足のポイントが解釈しやすくなりました！

「デザイン」は Positive とも「Negative」とも共起関係にあるので、デザインの好き嫌いをどうやって解決するかが課題だなぁ。

◆外部変数に関連する原文を参照するには？

⇨ 文書検索 の機能を使用します。

共起ネットワークで、「Positive」「Neutral」「Negative」それぞれに対応する抽出語との共起関係は把握できましたが、例えば、Positiveに対応する評価コメントだけを一覧でざっと確認できたりすると便利だなーと思うのですが……。

よしよし。抽出語をもとに原文を参照するのはKWICコンコーダンスだが、ある特定の外部変数に対応する原文をチェックしたい場合は「文書検索」という機能を使うといいよ。
では、「Positive」に対応する評価コメントの原文を確認してみようか。

❶「ツール」メニューの「外部変数と見出し」をクリックします。

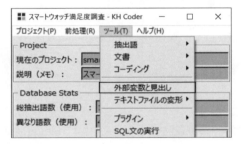

❷「変数リスト」の中の変数名をクリックすると、右側の「値とラベル」に外部変数の構成要素(値)が表示されるので、そこから該当のものを選択し、「文書検索」をクリックします。

「文書検索」画面のResultに、3段階評価の「Positive」に分類されているコメントの原文一覧が表示されます。

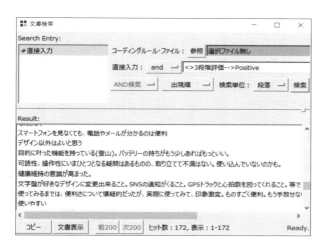

ふむふむ。やはり原文を確認するって大事ですね！

そう。データの絞り込みや集約によって判別しやすくなる情報がある一方で、大切な情報が埋もれてしまう可能性もなきにしもあらずなので、こまめに原文チェックすることをおすすめするよ。

◆語と語の類似度（関連性）をマップ上に視覚化し、テキストデータ全体を要約するには？
　⇨ 多次元尺度構成法（MDS：multi dimensional scaling）を使用します。

MDSのチェックポイント

- □ 語と語の類似度を二次元または三次元のマップ上の相対的な位置関係（近い・遠い）によって判断する
- □ 抽出語の出現頻度を、円の大きさによって判断する
- □ 共起ネットワークは「特定の語」と「特定の語」（または「外部変数」）の共起関係から関連性の強さを表すため、文章中によく出現する「語」であっても共起関係が少ない語は表現されない場合もあるが、MDSは純粋な出現頻度をもとに「語」と「語」の関係を把握したい場合に使用される
- □ 共起ネットワークの図は「語と語が線で繋がっているかどうか」に意味があるが（位置関係には意味がない）、MDSは語と語の相対的な位置関係（似たものは近くに、異なるものは遠くに）によって類似度が表現されている

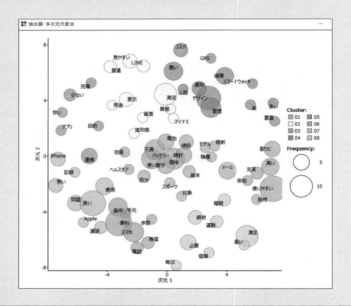

第7章　アンケートのテキストマイニング　　205

◆抽出語と外部変数の関係性を直感的に把握するには？
　⇨　対応分析 を行います（5.5節参照）。

<u>対応分析のチェックポイント</u>

> □抽出語と外部変数との関係性を散布図上に配置する
> □散布図の原点からの角度や相対的な距離によって、変数間の関係性を視覚的に理解する
> □関連性や類似性の高い語や外部変数は近くに、関連性の低いものは離れてプロットされる
> □散布図の縦軸と横軸に意味付けができるかどうか考えてみる
> □散布図上に気になる語があれば、該当の語をクリックして原文を確認する
> □対応分析は多変量解析の一種で、コレスポンデンス分析とも呼ばれている

先輩〜〜！　部長から「企画書はまだか？」とプレッシャーをかけられているものの、新規スマートウォッチのユーザ像がなかなか決められなくて……。

まずはターゲットとなるユーザ像を設定しなきゃね。では、年代や性別などの属性を視点として、評価コメントとの関係性を調べてみたら？　何かヒントが見えてくるかもよ。

はい！　対応分析で調べてみますね！

対応分析の例:「抽出語×年代」

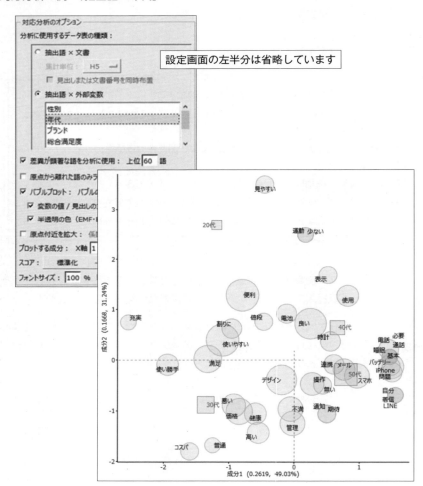

付録

A.1 　Jaccard係数の計算方法

A.2 　先輩おすすめの参考書籍

A.1 Jaccard係数の計算方法

そもそも、Jaccard係数とは何でしょうか？？

一言でいうと、「ある語」と「ある語」の関連性（類似性・共起性）の程度を表す**指標**の1つだよ。KH Coderに搭載されている分析手法の大半ではJaccard係数が採用されていて、その他にも**コサイン距離**や**Simpson係数**などが関連性を測る指標として知られている（KH CoderでもJaccard係数以外の指標を設定画面で選択できる分析手法もあります）。

例えば、2つの語XとYが共に出現する（共起する）程度をJaccard係数で測る計算式は以下のように表すことができる。

$$\text{Jaccard係数} = \frac{n(X \cap Y)}{n(X \cup Y)}$$

あ、あの〜、意味不明なんですけど？？

数字に少し慣れてきたとはいえ、さらっと数式や記号を使うのは勘弁していただけますか？！

そ、そう？　ごめんごめん。∩や∪は「集合」や「ベン図」で出てくる記号で、学校で習ったことがあるかもしれないので、もしかしたら知っているかな〜と思って……。
∩は「XかつY」、つまりどちらにも属する共通部分を表し、∪は「XまたはY」、すなわちXとYの少なくとも一方に属する要素全体を表す。図解すると次のようになるよ。

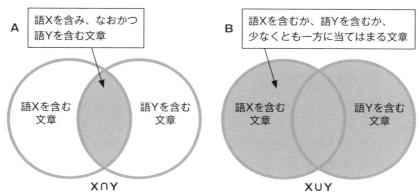

　というわけで、BにおけるAの割合、すなわちA÷BがJaccard係数ということだよ。

　なるほど！　なんとなくイメージできました！

　ほっ。では、Jaccard係数がどのような計算過程を経て算出されるのか、KH Coderのアウトプットをもとに見てみようか。

　確かに、共起ネットワークなどの設定で「係数を表示」とすると表示される係数のこと、少し気になっていました。

　よしよし。KH Coderの設定が初期設定の場合、その係数がJaccard係数だよ。
　例えば、下の図は共起ネットワークの一部を切り取ったもので、「価格」と「高い」の線上に記されている「.23」がJaccard係数0.23を表している。

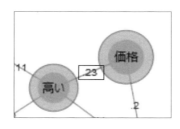

$$\text{Jaccard係数} = \frac{\text{「価格」と「高い」の両方が同時に出現した数}}{\text{「価格」または「高い」のどちらか片方だけでも出現した数}} = 0.23$$

Jaccard係数は割合を表すので0から1の値を取り、その値を比較することによって共起性や類似性の強さの大小を推測できるというわけだ。

ちなみにですが、Jaccard係数がいくつ以上あれば良いといった基準のようなものはありますか？

いや、そういう決まりはないよ。**相対的に比較するための1つの指標**だと捉えてもらえればいい。

ただ、どうしても目安が欲しいというなら、KH Coderの公式掲示板に記載されている、

「0.1」→「関連がある」
「0.2」→「強い関連がある」
「0.3」→「とても強い関連がある」

という基準を参考にしてもよいかもね。

しかし、絶対的な基準ではないので、あくまでも参考程度に留めておこう。例えば、ある語の出現回数がそもそも少ない場合（例えば1回や2回しか出現していないような場合）、出現回数が1つでも増減するとJaccard係数が大幅に変わり、数値化された類似度の信頼性そのものが危ぶまれるともいえる。なので、**係数だけで判断するのではなく、出現回数や他の指標**なども含めて**総合的に捉える**のが大切ということだ。

それでは、実際に、共起ネットワーク図中の「価格」と「高い」の計数「0.23」がどのような計算過程で導かれるものなのか、念のため確認しておこう。

「ツール」メニューで「抽出語」-「関連語検索」を選択して、「価格」の関連語を検索します。
❶ 直接入力部分に「価格」と入力します。
❷ 集計単位を選択し（例えば、語が出現する段落の数を調べたい場合は「段落」）、「集計」をクリックします。

「高い」が1回以上出現する全段落の数＝7
「価格」と共起している段落の数＝3

❸ 同様に、「高い」の関連語を検索し、「価格」の全体の出現段落数と、「高い」と共起している段落の数を調べます。

「価格」が1回以上出現する全段落の数＝9
「高い」と共起している段落の数＝3

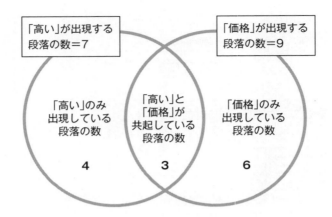

$$\text{Jaccard係数} = \frac{\text{「高い」と「価格」の両方が同時に出現した段落数}}{\text{「高い」または「価格」のどちらか片方だけでも出現した段落数}}$$

$$= \frac{3}{4+3+6} = \frac{3}{13} = 3 \div 13 = 0.2308\ldots\ldots$$

共起ネットワークの設定で「係数を表示」を選択した場合の「高い」と「価格」のJaccard係数……0.23

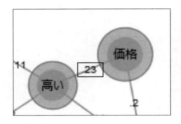

Jaccard係数を計算した結果と、共起ネットワーク上の「係数」が合いましたね！
Jaccard係数の算出方法が分かってすっきりしました♪

A.2 先輩おすすめの参考書籍

「データの分析なんて私には無理！」と思っていましたが、KH Coderを使ったテキストマイニングの基本的な手順はマスターできたので、もっと深く文章の分析をしてみたくなりました！

テキストマイニングの活用事例も知りたいですし、テキストマイニングに限らず、いわゆる統計というか、データ分析全般についても勉強したくなってきました！

おっ！　やる気に満ちてきたようだね！

では、「テキストマイニング」と「活用事例」そして「データ分析」のおすすめ書籍をそれぞれ紹介するので、次のステップへ進むためにぜひ参考にしてほしい。

■ テキストマイニングおよびKH Coder関連

- 樋口耕一：社会調査のための計量テキスト分析　内容分析の継承と発展を目指して，ナカニシヤ出版（2014年）

    KH Coderの開発者である樋口先生の書籍です。開発者として、そして社会学の研究者として書かれていますので、KH Coderに関する情報の質と量は秀逸です。アカデミックな分析事例と共にKH Coderが解説されていますので、研究論文を書きたい方やKH Coderを完璧に使いこなしたい方に最適です。

- 小町守（監修），奥野陽，グラム・ニュービッグ，萩原正人：自然言語処理の基本と技術，翔泳社（2016年）

    テキストマイニングそのもののハウツーではなく、自然言語処理の考え方から最新の技術まで、しっかり理解したい方に向いています。具体例を踏まえつつ、イメージしやすい形で理論と技術について説明されています。

- 松村真宏，三浦麻子：人文・社会科学のためのテキストマイニング［改訂新版］，誠信書房（2014年）

    テキストマイニングの中でも、特に前処理に特化した「Tiny Text Miner」というフリーソフトウェアを開発提供されている先生の書籍です。テキストマイニングの事例や形態素解析、統計処理のロジック等が丁寧に解説されています。

- 牛澤賢二：やってみよう テキストマイニング　自由回答アンケートの分析に挑戦！，朝倉書店（2018年）

    KH Coderの分析機能が広く網羅されています。前処理を楽にするExcelのマクロがダウンロードでき、本書では扱っていない「コーディングルール」というKH Coderの機能についても解説されていますので、ある程度KH Coderを使いこなしている方にとって良本になると思います。

■ テキストマイニング活用事例など

- 学習院マネジメント・スクール(監修)，上田隆穂，兼子良久，星野浩美，守口剛：買い物客はそのキーワードで手を伸ばす，ダイヤモンド社（2011年）

    定性調査の1つであるデプスインタビューに代表されるような深層心理へのアプローチは、「サンプル数が多くとれない」「解釈の客観性が不安定」という課題があります。著者らのグループは、そのようなデメリットを軽減して潜在的な心理にアプローチする手段としてテキストマイニングを用いています。テキストマイニングをマーケティング分野に活用した事例として大変参考になります。

- 小林雄一郎：Rによるやさしいテキストマイニング［活用事例編］，オーム社（2018年）

    KH Coderではなく「R」を使ったテキストマイニング本です。Rの基本的な使い方を知っていることが前提にはなりますが、TwitterなどのSNSから直接データを取得して評判分析をする等、実践的な内容が多く参考になります。著者の同様のシリーズには「機械学習編」などもありますので、さらに発展的に学習したい方に。

その他、KH Coderの公式サイト（http://khcoder.net/）にも研究事例が掲載されているよ。学術論文の事例が多いけれど、どのようなシチュエーションで、どのように使われているかの参考になるかと。

■ データ分析関連

- 豊田裕貴：すぐやってみたくなる！　データ分析がぐるっとわかる本，すばる舎（2014年）

    KH Coderなどのツールを使って分析をすると、すぐに何らかの出力（アウトプット）を得ることができますが、何よりも大事なことは「分析設計」です。
    テキストマイニングを行うことが目的とならないように、自分が知りたいことに適用できる分析手法の引き出しを増やすための入門書としておすすめします。

- 末吉正成(監修)，千野直志，近藤宏，米谷学，上田和明：EXCELマーケティングリサーチ＆データ分析[ビジテク]，翔泳社(2014年)

    アンケートを使ったデータを取得する際の調査設計に役立つ情報や、その定量的な分析手法が、Excelの操作手順と共に解説されています。KH Coderでもよく使われるクラスター分析や数量化3類(対応分析とほぼ同値)についても説明されており、顧客満足度のCSポートフォリオ分析など、マーケティングリサーチの具体的な分析例についても多く扱われているため、実務ですぐに活用できます。

- 涌井良幸，涌井貞美：実習　多変量解析入門　Excel演習でムリなくわかる，技術評論社(2011年)

    KH Coderのアウトプットの中で人気の高い？分析の1つが対応分析ですが、これを統計初心者にも分かるように解説しているのが特徴です。Excelの「ソルバー」を使って、なぜ似たような性質のある変数が近くにプロットされるのかを視覚的に体感しながら、数量化3類や対応分析について学ぶことができます。

- 柏木吉基：統計学に頼らないデータ分析「超」入門　ポイントは「データの見方」と「目的・仮説思考」にあり！，SBクリエイティブ(2016年)

    分析手法そのものよりも「データの見方」にフォーカスした本です。調査のための調査にならないよう、自分が何のためにデータ解析を行っているのかという基本に立ち返り、複雑な分析手法を用いれば高次な結果を出せる、という思い込みを払拭してくれます。

データ分析関連のおすすめ書籍はすべて、統計の入門書に入門できなくて涙をのんだような人にもやさしく書かれている本なので、ぜひ参考にしてほしいな。

お気遣いありがとうございます！！　参考書籍もしっかり勉強して、文章の中に隠れている気持ちや潜在意識をテキストマイニングで引き出すことを目標に、これからデータ分析を楽しんでやっていこうと思います！

もしかして先輩、私が本屋の統計入門書コーナーでぶつぶつ言っていたのを聞いていましたっ？！

また、書籍ではないけれど、「KH Coderを用いた計量テキスト分析実践セミナー」(株式会社SCREENアドバンストシステムソリューションズ主催)ではKH Coder開発者の樋口先生ご自身から直接お話を聞けるのでオススメだよ。私もこのセミナーに以前に参加したことがあり、本書の解説でも一部参考にさせていただいている。

索　引

アルファベット

ChaSen 24
EUC-JP 54
Jaccard 係数 198, 212
JIS 54
JUMAN 25
KH Coder 42
　　Mac版 47
　　インストール 43
　　ショートカット 46
　　新規プロジェクト 55
　　テキストデータ作成要件 62
　　品詞体系 67
　　プラグイン 146
KWIC コンコーダンス 73
Kytea 25
MDS 204
MeCab 23
　　インストール 26
PPDAC 13
　　Problem (問題) 14
　　Plan (計画) 14
　　Data (データ収集) 14
　　Analysis (分析) 14
　　Conclusion (結論) 14
SD 法 162
Shift-JIS 54
Simpson 係数 212

UTF-8 54
VLOOKUP 関数 178
　　検索値 180
　　検索方法 181
　　範囲 180
　　列番号 181

あ行

アイデア探索型 40, 158
オートフィル 182
オリジナル簡易辞書 83

か行

仮説検証型 40, 158
共起ネットワーク 89, 197
強制抽出 85
クラスター分析 98
グループ化 98
クロス集計 169
形態素解析 21
形態素解析エンジン 23
結合ファイル 51, 111
原文参照 74
誤記 139
コサイン距離 212
コロケーション統計 75

索　引　**221**

さ行

細分化	35
時系列	35
システム辞書	23
IPA辞書	23
mecab-ipadic-NEologd	23
Unidic	23
自然言語処理	20
集計単位	191
新規プロジェクト	55
数値化	19
スクレイピングツール	53
スコア	77
正規表現	140
層別化	35

た行

対応分析	125, 205
タグ	193
多次元尺度構成法	204
単純集計	167
抽出語リスト	65, 196
1列	71
品詞別	68
頻出150語	70
調査の進め方	160
重複	139
定性データ	18
定量データ	18
集計と分析	166
データ	9

データクレンジング	138
データ対応表	183
データの比較	36
テキストデータ	9
テキストデータ作成要件	62
テキストマイニング	9
対象となるテキスト	12
目的	13
デンドログラム	101
特徴語	116

は行

外れ値	135
バブルプロット	125
ビッグデータ	10
表記揺れ	138, 144
品詞体系	67
文書検索	202
分析ストーリー	40
分析ファイル	50

ま行

見出し	115
メタ文字	141
文字コード	54

ら行

リッカート尺度	162

あ と が き

最後まで読んでくださり、どうもありがとうございました。
この本の主人公は、本屋に並ぶ「統計」の入門書を前に、もどかしい思いをしながらため息をついていた、数字が苦手な感覚派女子でした。そんな彼女が急遽データ分析をしなければならなくなり、テキストマイニングの世界に足を踏み入れたのでした。

実は私も、このような分析データの本を書かせていただくことになろうとは、これっぽっちも思っていませんでした。小学生の頃から算数が大嫌いな子でしたので。
ですが、仕事で必要に迫られ、いろいろなデータと向き合っていくうちに少しずつ慣れてきて、気付いたら免疫がついていた、というのが正直なところです。なので、主人公の気持ちが私はよ〜く分かるのです。

皆さんがデータ分析をする目的は何ですか？
「統計学を完璧にマスターするんだ！」というのが目的であれば、頑張って統計の入門書から学び始めてください。
ですが、「アンケートのデータが溜まっているので、データを整理して分析して、今後の集客に活かしたい！」といったイメージがあるのであれば、まずはそれを実現するための「スキル」を先に身に着けたほうが早く目的地に到着できるでしょう。
統計学の知識は、必要に応じて後からインプットするほうが効率的かもしれません。

本書では、テキストマイニングのためのツールの扱い方を主にご紹介しました。ツールを扱うことは、自転車に乗ることや料理を作ることと同じ「スキル」です。手順を踏めば誰でも習得可能な技術です。しかも、文章の分析に正解はありません。このテキストマイニングのスキルを自由に駆使して、想像力と洞察力を働かせながら、さまざまな文章の分析にチャレンジしてみてください。
多くの言葉の中から小さな種を発掘し、そこから新たなアイデアやひらめきを形にしていくというプロセスにテキストマイニングの楽しさと喜びがあるものです。それを感じていただけたなら、筆者としてそれほど嬉しいことはありません。

最後になりますが、本書を執筆するにあたり、KH Coderの開発者である樋口耕一先生からご承諾いただきましたことを感謝いたします。また、本書の企画段階から最後に至るまで私の我儘をすべて聞き入れてくださった株式会社オーム社の津久井氏、読者の立場にたって漫画を描いてくださった黒渕かしこ先生に心より御礼申し上げます。

2019年1月

末 吉 美 喜

〈著者略歴〉

末吉美喜 （すえよし　みき）

株式会社メディアチャンネル
大阪市立大学大学院 生活科学研究科博士後期課程修了。
大手総合電機メーカーの研修部門や公共・介護事業向けシステム部門にてデータ活用
の推進に従事した後、人間工学の研究者として実験データの解析、UX ディレクターと
して Web サイトのアクセス解析などに携わる。
大学非常勤講師やデータ解析の企業コンサルタント、セミナー講師を経て、現在は「気
軽に楽しくデータ分析の第一歩」をモットーに、「データサイエンスチャンネル」の企
画・運営を行っている。
著書に『EXCEL ビジネス統計分析』（翔泳社刊）、共著書に『Excel でかんたん統計分
析』（オーム社刊）、『Excel で学ぶ営業・企画・マーケティングのための実験計画法』
（オーム社刊）、『事例で学ぶテキストマイニング』（共立出版刊）、『Excel で学ぶ時系列
分析』（オーム社刊）等がある。

本文イラスト：黒渕かしこ

- 本書の内容に関する質問は、オーム社ホームページの「サポート」から、「お問合せ」
  の「書籍に関するお問合せ」をご参照いただくか、または書状にてオーム社編集局宛
  にお願いします。お受けできる質問は本書の内容に限らせていただきます。なお、電
  話での質問にはお答えできませんので、あらかじめご了承ください。
- 万一、落丁・乱丁の場合は、送料当社負担でお取替えいたします。当社販売課宛にお
  送りください。
- 本書の一部の複写複製を希望される場合は、本書扉裏を参照してください。

JCOPY ＜出版者著作権管理機構 委託出版物＞

テキストマイニング入門
Excel と KH Coder でわかるデータ分析

2019 年 2 月 25 日　　　第 1 版第 1 刷発行
2020 年 5 月 30 日　　　第 1 版第 5 刷発行

著　　者　末吉美喜
発行者　村上和夫
発行所　株式会社オーム社
　　　　郵便番号　101-8460
　　　　東京都千代田区神田錦町 3-1
　　　　電話　03(3233)0641（代表）
　　　　URL　https://www.ohmsha.co.jp/

© 末吉美喜 2019

組版　トップスタジオ　　印刷・製本　壮光舎印刷
ISBN978-4-274-22285-6　Printed in Japan

好評関連書籍

機械学習入門
ボルツマン機械学習から深層学習まで

大関 真之 [著]
A5／212頁／定価(本体2,300 円【税別】)

話題の「機械学習」をイラストを使って初心者にわかりやすく解説!!

現在扱われている各種機械学習の根幹とされる「ボルツマン機械学習」を中心に、機械学習を基礎から専門外の人でも普通に理解できるように解説し、最終的には深層学習の実装ができるようになることを目指しています。
さらに、機械学習の本では当たり前になってしまっている表現や言葉、それが意味していることを、この本ではさらにときほぐして解説しています。

坂本真樹先生が教える
人工知能がほぼほぼわかる本

坂本 真樹 [著]
A5／192頁／定価(本体1,800 円【税別】)

坂本真樹先生がやさしく人工知能を解説!

本書は、一般の人には用語の理解すら難しい人工知能を、関連知識が全くない人に向けて、基礎から研究に関する代表的なテーマまで、イラストを多用し親しみやすく解説した書籍です。数少ない女性人工知能研究者の一人である坂本真樹先生が、女性ならではの視点で、現在の人工知能が目指す最終目標「感情を持つ人工知能」について、人と人工知能との融和の観点から解説しています。

もっと詳しい情報をお届けできます。
○書店に商品がない場合または直接ご注文の場合は右記宛にご連絡ください。

ホームページ https://www.ohmsha.co.jp/
TEL／FAX TEL.03-3233-0643　FAX.03-3233-3440

(定価は変更される場合があります)

F-1801-234